普通高等教育"十二五"规划教材

工程测量
实验实习指导与报告

刘玉梅　主编

化学工业出版社

·北京·

本书是"普通高等教育'十二五'规划教材"《工程测量》（刘玉梅、王井利主编，化学工业出版社）的配套实验实习指导教材，全书共分五个部分。第一部分测量实验实习须知，介绍了测量实验实习的一般规定，测量仪器的使用规则和注意事项；第二部分测量实验指导，该部分对测量仪器的基本构造、检校方法、操作步骤以及数据处理做了详细介绍，新增了数字水准仪和全站仪的认识和使用，利用全站仪进行数字化测图及点位测设；第三部分测量实习指导，介绍了测量实习的目的、意义及要求，重点叙述了测量实习的内容、方法及限差要求；第四部分测量实验报告；第五部分测量实习报告。本书可供本科及大、中专院校的建筑工程、道路工程、桥梁工程、环境工程、给水排水工程、地下工程、土地资源管理、建筑学、城市规划、测绘工程等专业作为"测量学"或"工程测量"课程实验实习的教材，也可供从事测绘工作的工程技术人员参考。

图书在版编目（CIP）数据

工程测量实验实习指导与报告/刘玉梅主编 .—北京：化学工业出版社，2012.1

普通高等教育"十二五"规划教材

ISBN 978-7-122-13084-6

Ⅰ. 工…　Ⅱ. 刘…　Ⅲ. ①工程测量-实验-高等学校-教学参考资料②工程测量-实习-高等学校-教学参考资料　Ⅳ. TB22

中国版本图书馆 CIP 数据核字（2011）第 271928 号

责任编辑：满悦芝　　　　　　　　　　装帧设计：韩　飞
责任校对：蒋　宇

出版发行：化学工业出版社（北京市东城区青年湖南街 13 号　邮政编码 100011）
印　　刷：北京市振南印刷有限责任公司
装　　订：三河市宇新装订厂
787mm×1092mm　1/16　印张 6¼　字数 146 千字　2012 年 4 月北京第 1 版第 1 次印刷

购书咨询：010-64518888（传真：010-64519686）　售后服务：010-64518899
网　　址：http://www.cip.com.cn
凡购买本书，如有缺损质量问题，本社销售中心负责调换。

定　　价：12.00 元

前 言

本书以沈阳建筑大学测绘工程教研室编写的《工程测量》（刘玉梅、王井利主编，化学工业出版社）教材为基础编写而成，书中实验顺序与《工程测量》教材内容相适应，并与该教材配套使用。

书中内容主要参考了董世远、刘玉梅主编、东北大学出版社出版的《测量学实验及实习指导书》。编写过程中力求与现代测绘技术水平、先进的测量方法与手段相适应。由于学时有限，对一些陈旧内容及测量方法进行了适当删减，尽可能多地增加了符合现代测绘发展方向的新仪器、新技术和新方法。为了保证测量实验效果，在每项实验指导之后附加了思考题。

全书由沈阳建筑大学测绘工程教研室编写，刘玉梅担任主编并负责全书的统稿工作。编写人员的分工如下：第一部分由刘玉梅编写；第二部分、第四部分由刘玉梅、王岩、姚敬、刘茂华编写；第三部分、第五部分由刘玉梅、王欣编写。

由于编者水平有限，书中难免存在缺点与不足，敬请读者批评指正。

编者

2012 年 2 月

目 录

测量实习报告

第一部分　测量实验实习须知

　　工程测量是一门实践性很强的技术基础课，测量实验及实习是工程测量教学中不可缺少的环节。它不仅可以验证课堂理论，更是巩固和深化所学课堂知识的重要环节。通过对测量仪器的亲自操作、记录、计算等内容的实训，才能真正掌握测量的基本方法和基本技能，不断提高学生的动手能力。通过实验实习，不仅可以培养学生独立工作的实践能力，还能培养学生团结协作的团队合作精神，为今后解决实际工程中的测量问题打下基础。

一、　测量实验、　实习的一般规定

　　1. 实验或实习前必须阅读《工程测量》的有关章节、实验相应项目的指导或实习任务书。

　　2. 实验及实习分小组进行，组长负责组织和协调实验工作，办理所用仪器和工具的借领和归还手续。凭组长或组员的学生证借用仪器。

　　3. 实验及实习应在规定时间内进行，不得无故缺席或迟到、早退；应在指定的场地进行，不得擅自改变地点。

　　4. 必须遵守实验室的"测量仪器工具的借用规则"。应该听从教师的指导，严格按照实验及实习要求，认真、按时、独立地完成任务。

　　5. 实验及实习结束时，应把观测记录、实验实习报告及有关资料交指导教师审阅。经教师认可后，方可收装仪器和工具、做必要的清洁工作，向实验室归还仪器和工具，结束实验或实习。

二、　测量仪器使用规则和注意事项

　　测量仪器属于比较贵重的设备，尤其是精密光学仪器、电子仪器等，其价格较为昂贵。对测量仪器的正确使用、精心爱护和科学保养，是从事测量工作的人员必须具备的素质和应该掌握的技能，也是保证测量成果的质量、提高测量工作效率、发挥仪器性能和延长其使用年限的必要条件。为此，制订下列测量仪器使用规则和注意事项，在测量实验及实习中应严格遵守执行。

1. 仪器工具的借用

　　（1）以实验小组为单位共用测量仪器和工具，按小组编号在指定地点凭学生证向实验室人员办理借用手续。

　　（2）借用时，按本次实验的仪器工具清单当场清点检查，实物与清单是否相符，器件是否完好，然后领出。

（3）搬运前，必须检查仪器箱是否锁好；搬运时，必须轻拿轻放，避免剧烈震动和碰撞。

（4）实验结束，应及时收装仪器、工具，清除接触土地的部件（脚架、尺垫等）上的泥土，送还借用处检查验收。如有遗失或损坏，应写出书面报告说明情况，进行登记，并应按有关规定赔偿。

2. 仪器的安装

（1）先将仪器的三脚架在地面安置稳妥，安置经纬仪的脚架必须与地面点大致对中，架头大致水平，若为泥土地面，应将脚尖踩入土中，若为坚实地面，应防止脚尖有滑动的可能性，然后开箱取仪器。仪器从箱中取出之前，应看清仪器在箱中的正确安放位置，以避免装箱时发生困难。

（2）取出仪器时，应先松开制动螺旋，用双手握住支架或基座，轻轻安放到三脚架头上，一手握住仪器，一手拧连接螺旋，最后拧紧连接螺旋，使仪器与三脚架连接牢固。

（3）安装好仪器以后，随即关闭仪器箱盖，防止灰尘等进入箱内。严禁坐在仪器箱上。

（4）安置三脚架时，固紧螺旋不可拧得过紧，防止螺旋滑丝失效。

3. 仪器的使用

（1）仪器安装在三脚架上之后，不论是否在观测，必须有人守护，禁止无关人员拨弄，避免路过行人、车辆碰撞。

（2）仪器镜头上的灰尘，应该用仪器箱中的软毛刷拂去或用镜头纸轻轻擦去，严禁用手指或手帕等擦拭，以免损坏镜头上的药膜，观测结束应及时套上物镜盖。

（3）在阳光下观测，应撑伞防晒，雨天应禁止观测。对于电子测量仪器，在任何情况下均应撑伞防护。

（4）转动仪器时，应先松开制动螺旋，然后平稳转动；使用微动螺旋时，应先旋紧制动螺旋（但切不可拧得过紧）；微动螺旋不要旋到顶端，即应使用中间的一段螺纹。

（5）仪器在使用中发生故障时，应及时向指导教师报告，不得擅自处理。

4. 仪器的搬迁

（1）在行走不便的地段搬迁测站或远距离迁站时，必须将仪器装箱后再搬。

（2）近距离或在行走方便的地段迁站时，可以将仪器连同三脚架一起搬迁。先检查连接螺旋是否转紧，松开各制动螺旋，如为经纬仪，则将望远镜物镜向着度盘中心，均匀收拢各三脚架腿，左手托住仪器的支架或基座，右手抱住脚架，稳步行走。严禁斜扛仪器于肩上进行搬迁。

（3）迁站时，应带走仪器所有附件及工具等，防止遗失。

5. 仪器的装箱

（1）实验结束，仪器使用完毕，应清除仪器上的灰尘。套上物镜盖，松开各制动螺旋，将脚螺旋调至中段并使其大致同高。一手握住仪器支架或基座，一手旋松连接螺旋使之与脚架脱离，双手从脚架头上取下仪器。

（2）仪器放入箱内，使正确就位，试关箱盖，确认放妥（若箱盖合不上口，说明仪器位置未放置正确，应重放，切不可强压箱盖，以免损伤仪器），再拧紧仪器各制动螺旋，然后关箱、搭扣、上锁。

（3）清除箱外的灰尘和三脚架脚尖上的泥土。

（4）清点仪器附件和工具。

6. 测量工具的使用

（1）使用钢尺时，应使尺面平铺地面，防止扭转、打圈，防止行人踩踏或车轮碾压，尽量避免尺身沾水。量好一尺段再向前量时，必须将尺身提起离地，携尺前进，不得沿地面拖尺，以免磨损尺面刻划甚至折断钢尺。钢尺用毕，应将其擦净并涂油防锈。

（2）皮尺的使用方法基本上与钢尺的使用方法相同，但量距时使用的拉力应小于钢尺，皮尺沾水的危害更甚于钢尺，皮尺如果受潮，应晾干后再卷入盒内。卷皮尺时切忌扭转卷入。

（3）使用水准尺及标杆时，应注意防止受横向压力，防止竖立时倒下，防止尺面分划受磨损。水准尺及标杆更不能作棍棒使用或玩耍。

（4）小件工具（如垂球、测钎、尺垫等）用完即收，防止遗失。

三、 记录、 计算注意事项

1. 实验及实测所得各项数据的记录和计算，必须按记录格式用 2H 铅笔认真填写。字迹应清楚并随观测随记录。不准先记在草稿纸上，然后换入记录表中，更不准伪造数据。

2. 观测者读出数字后，记录者应将所记数字复诵一遍，以防听错、记错。

3. 记录错误时，切勿用橡皮擦去，不准在原数字上涂改，应将错误的数字划去并把正确的数字记在原数字上方。

4. 记录数字要全，不得省略零位。如水准尺读数 1.300，度盘读数 151°40′10″，127°02′06″中的 0 均应填写。

5. 简单的计算及必要的检验，应在测量进行时及时完成。

6. 测量数据运算应根据所取位数，按"四舍五入，单进双不进"的规则进行数字凑整（只有在小数最后一位是保留位数的 0.5 倍时，才遵循"单进双不进"的原则），如数字 1.2335 和 1.2345 取值均为 1.234。而 1.23351 应取 1.234，1.23451 应取 1.235。

第二部分 测量实验指导

测量实验是工程测量课程教学环节中不可缺少的一部分，通过实验巩固课堂所学的理论知识，初步掌握测量仪器的基本操作技能和测量作业的基本方法，为下一步的测量实习及进一步学习其他测绘理论课程打下坚实的基础。

实验一 水准仪的认识与使用

一、目的和要求

1. 了解水准仪的各部件名称及其作用。
2. 练习水准仪的安置、粗平、瞄准、精平与读数。
3. 在实验场地安排不同高度的多个点位，测定两点间的高差。

二、仪器和工具

水准仪1台，水准尺2根，尺垫2个，记录板1块，测伞1把。

三、方法和步骤

1. 安置仪器

将三角架张开，使其高度适当，架头大致水平，并将脚尖踩入土中，然后用连接螺旋将仪器固连在三脚架上。

2. 粗略整平

先对向转动两个脚螺旋，使圆水准器气泡向中间移动，再转动另一个脚螺旋，使气泡移至居中位置。气泡运动方向与左手大拇指或右手食指运动方向一致。

3. 瞄准

转动目镜调焦螺旋，使十字丝清晰；转动仪器，用准星和照门瞄准水准尺，拧紧制动螺旋（手感螺旋有阻力），转动物镜调焦螺旋，使目标成像清晰；最后调节微动螺旋，使水准尺成像位于十字丝分划板平面的中央位置。如有视差，则消除视差。

4. 精平与读数

转动微倾螺旋使符合水准器两端的半影像气泡吻合，用中丝在水准尺上读数，估读至毫米。

5. 测定地面两点间的高差

每人在地面选定两个较为坚固的点位，如点 A、B，安置水准仪于两点的大致中间位置，竖立水准尺于 A 点上，瞄准水准尺，精平后读取中丝读数，作为后视读数记录；再将水准尺立于 B 点上，瞄准水准尺，精平后读取中丝读数，作为前视读数记录；最后，计算出 A、B 两点间的高差。

$$h_{AB} = 后视读数 - 前视读数$$

其他各点间的高差依次进行观测。

自动安平水准仪与一般的光学水准仪操作过程大体类似，只省去了精平环节。

四、 注意事项

1. 仪器安放到三脚架头上，最后必须旋紧连接螺旋，使连接牢固。
2. 不要在没有消除视差情况下进行读数。
3. 在水准尺上读数时，符合水准气泡必须居中，不能用脚螺旋调整符合水准气泡居中。

五、 思考题

1. 水准仪主要由哪几部分组成？
2. 对于微倾式水准仪，读数前应进行哪一个关键环节的操作？

实验二 水准测量

一、 目的和要求

1. 练习水准测量测站和转点的选择、水准尺的立尺方法、测站上的仪器操作。
2. 掌握普通水准测量的观测、记录和计算、检核的方法。
3. 掌握水准测量路线闭合差的调整方法并进行待定点高程的计算。
4. 实验场地选定一条闭合（或附合）水准路线，其长度以安置 4～6 个测站为宜，中间设待定点 B、C、D。

二、 仪器和工具

水准仪 1 台，水准尺 2 根，尺垫 2 个，记录板 1 块，测伞 1 把。

三、 方法和步骤

1. 在地面选定 B、C、D 三个坚固点作为待定高程点，BMA 为已知高程点，其高程值由指导教师提供。安置仪器于 A 点与转点 TP_1 之间，步测前后视距大致相等，进行粗略整平和目镜对光。测站编号为 1。

2. 后视 A 点上的水准尺，精平，用中丝读取后视读数，记入手簿。前视转点 TP_1 上的水准尺，精平，用中丝读取前视读数，记入手簿。然后立即计算该站的高差。

3. 升高或降低水准仪脚架 10cm 以上，重复 2 的操作步骤。

4. 计算高差：高差等于后视读数－前视读数。两次仪器高测得高差之差不大于 6mm，取其平均值作为平均高差。

5. 迁至第 2 站，继续观测。沿着选定的路线，将仪器迁至 TP_1 的前方，仍用第 1 测站的施测方法，后视 TP_1，前视 B 点，依次连续设站观测，直至最后回到 A 点。

6. 根据各测站高差，计算水准路线的高差闭合差，并检查高差闭合差是否超限，其限差公式为：

$$f_{h容} = \pm 12\sqrt{n} \ (\text{mm}) \qquad \text{或} \quad f_{h容} = \pm 40\sqrt{L} \ (\text{mm})$$

式中，n 为测站数；L 为水准路线的长度，以 km 为单位。

7. 若高差闭合差在容许范围内，则对高差闭合差进行调整，根据已知点的高程和改正后的高差，计算各待定点的高程。

四、 注意事项

1. 在每次读数之前，要消除视差，并使符合水准气泡（微倾式水准仪）严格居中。

2. 在已知点和待定点上不能放置尺垫，但转点处必须安放尺垫，水准尺应置于尺垫半圆球的顶点上；在仪器迁站时，前视点的尺垫不能移动。

3. 每一测站应使前后视距大致相等，且水准尺上读数位置离地面不应小于 0.3m。

五、 思考题

1. 水准测量实施的过程中，尺垫能否安放到已知点或待定点上？尺垫的合理安放位置是何处？

2. 水准测量的过程中，水准尺前倾或后倾，将会引起水准尺上观测值读数怎样的变化？为了避免此现象的发生，立尺时应注意哪些问题？

实验三　水准仪的检验与校正

一、 目的和要求

1. 了解水准仪的主要轴线及它们之间应满足的几何条件。

2. 掌握水准仪的检验与校正方法。

3. 实验场地安排在视野开阔、土质坚硬、长度在 60～80m 的平坦地区。

二、 仪器和工具

水准仪1台，水准尺2根，尺垫2个，小螺丝刀1把，校正针1根，记录板1块，测伞1把。

三、 方法和步骤

本实验以微倾式光学水准仪 DS$_3$ 为例，进行检验与校正方法介绍。

1. 一般性检验

检查三脚架是否稳固；安置仪器后，检查制动与微动螺旋、微倾螺旋、对光螺旋、脚螺旋转动是否灵活，是否有效。

2. 圆水准器轴平行于仪器竖轴的检验与校正

检验：转动脚螺旋，使圆水准气泡居中，将仪器绕竖轴旋转180°，若气泡仍居中，说明此条件满足，否则需要进行校正。

校正：用改锥拧松圆水准器底部中央的固定螺丝，再用校正针拨动圆水准器的校正螺丝，使气泡返回偏移量的一半，然后转动脚螺旋使气泡居中，重复检验校正，直至仪器旋转至任何位置，圆水准器的气泡都在刻划圈内为止，最后拧紧固定螺丝。

3. 十字丝横丝（中丝）垂直于仪器竖轴的检验与校正

检验：用十字丝横丝一端瞄准细小点状目标，转动微动螺旋，使其移至横丝的另一端。若目标始终在横丝上移动，说明此条件满足，否则需要校正。

校正：旋下十字丝分划板护罩，用小螺丝刀松开十字丝分划板的固定螺丝，微略转动十字丝分划板，使转动水平微动螺旋时横丝不离开目标点。如此反复检校，直至满足要求。最后将固定螺丝拧紧，并旋上护罩。

4. 水准管轴平行于视准轴的检验与校正

（1）检验

① 选择检验场地：在地面上选 A、B 两点，相距约 60～80m，各点钉木桩（或放置尺垫）立水准尺。

② 测量准确高差：安置水准仪于距 A、B 两点等距离处，用变动仪器高（或双面尺）法正确测出 A、B 两点间的高差，两次高差之差不大于 3mm 时，取其平均值，用 h_{AB} 表示。

③ 检验 i 角：在 A 点附近 2～3m 处安置水准仪，分别读取 A、B 两点的水准尺读数 a'、b'，应用公式 $b_0' = a' - h_{AB}$ 求得 B 尺上的水平视线读数。若 $b' = b_0'$，则说明水准管轴平行于视准轴；若 $b' \neq b_0'$，则应计算 i 角，当 $i > 20''$ 时需要校正。计算 i 角的公式为：

$$i = \frac{|b' - b_0'|}{D_{AB}}\rho$$

式中，D_{AB} 为 A、B 两点间距离；$\rho = 206265$（$''$）。

（2）校正　转动微倾螺旋，使十字丝中横丝对准正确读数 b_0'，这时水准管气泡偏离中央，用校正针拨动水准管一端的上、下两个校正螺丝，使气泡居中。再重复检验校正，直到

$i \leqslant 20''$ 为止。

四、 注意事项

1. 必须依照实验步骤规定的顺序进行检校，不能颠倒。每项检验至少进行两次，确认无误后才能进行校正。

2. 校正工具要配套，校正针的粗细与校正螺丝的孔径要相适应，以免损坏校正螺丝的校正孔。拨动校正螺丝时，应先松后紧，松紧适当，校正完毕后，校正螺丝应处于稍紧的状态。

五、 思考题

1. 水准仪的轴线间应该满足怎样的几何关系？
2. 上述实验的检验与校正过程中，各检验项目之间的先后顺序是否可以调换？为什么？

实验四 光学经纬仪的认识与使用

一、 目的和要求

1. 了解光学经纬仪各部件的名称及作用。
2. 练习经纬仪的对中、整平、瞄准及读数的方法，掌握基本操作要领。
3. 要求独立完成经纬仪的各项操作，对中误差要求小于 3mm，整平误差小于一格。
4. 要求每人瞄准三个目标进行三组读数，并完成记录。

二、 仪器和工具

光学经纬仪 1 台，木桩 1 个，锤子 1 把，测钎 2 个，记录板 1 块，测伞 1 把。

三、 方法和步骤

1. 经纬仪的安置

(1) 在地面上打一木桩，在桩顶钉一小铁钉或划十字作为测站点。

(2) 张开三脚架，安置于测站上，调节到恰当高度，并使架头大致水平。

(3) 打开仪器箱，双手握住仪器支架，将仪器从箱中取出，置于架头上。一手紧握支架，一手拧紧连接螺旋。

2. 对中

(1) 调节光学对中器的目镜和物镜调焦螺旋，使光学对中器的分划板小圆圈和测站点标志的影像清晰。

(2) 固定一只三脚架腿，目视光学对中器的目镜，并移动三脚架另外两只架腿，使镜中小圆圈对准地面点，踩实三脚架。若光学对中器的中心与地面点略有偏离，可略微松开连接螺旋，在架头上平移仪器，直至严格对中，然后拧紧连接螺旋。

3. 整平

（1）伸缩三脚架的三只架腿，使经纬仪的圆水准气泡居中，注意脚架尖的位置不能移动。

（2）松开水平制动螺旋，转动照准部，使水准管平行于任意一对脚螺旋的连线，两手同时反向转动这对脚螺旋，使水准管气泡居中。

（3）将照准部旋转90°，转动第三只脚螺旋，使气泡居中。

（4）重复上述步骤（2）、（3），直至仪器转到任何方向水准管气泡中心都不偏离水准管零点一格为止。

（5）经纬仪的对中和整平一般需要几次循环过程，直至对中和整平均满足要求为止。

4. 瞄准目标

（1）转动照准部，使望远镜对向明亮处，转动目镜调焦螺旋，使十字丝清晰。

（2）松开水平制动螺旋和望远镜制动螺旋，用望远镜上的粗瞄准器对准测钎，使其位于视场内，固定望远镜制动螺旋和水平制动螺旋。

（3）转动物镜调焦螺旋，使测钎影像清晰；旋转望远镜微动螺旋，使测钎像的高低适中；旋转水平微动螺旋，使测钎像被十字丝的单根竖丝平分，或被双根竖丝夹在中间。

（4）眼睛微微左右移动，检查有无视差，如果有，转动望远镜调焦螺旋予以消除。

5. 读数

（1）打开反光镜，调节反光镜使读数窗亮度适当，旋转读数显微镜的目镜，看清读数窗分划，仔细区分水平度盘读数窗及测微尺最小格值。

（2）由读数显微镜内所见到的长刻划线和大号数字得到度数的读数，以度数刻划线作为指标线在分微尺上读出分数值，估读至 $0.1'$，然后换算成秒数，最终获得"°′″"形式的读数。

（3）盘左瞄准一目标，读出水平度盘读数，变换至盘右状态，再次瞄准该目标，进行读数，两次读数之差约为180°，以此来检查两次读数是否正确。

四、 注意事项

1. 经纬仪对中时应使三脚架架头大致水平，否则会导致仪器整平的困难。
2. 粗平时应注意脚架尖的位置不能移动，否则会导致对中出现偏差。
3. 精平时应检查各个方向水准管气泡是否居中，其偏差应在规定的范围以内。
4. 望远镜瞄准目标时必须消除视差。
5. 读数时应精确读到分，并估读至 $0.1'$，要注意读数的准确性。
6. 晴天时请注意给仪器打伞，避免阳光直射仪器。

五、 思考题

1. 光学经纬仪由哪几部分组成？
2. 经纬仪使用中为什么要对中？对中的要领是什么？
3. 经纬仪为什么要整平后才能测角？
4. 用什么方法可以很快地照准目标？为什么有时望远镜方向已对准目标，而镜内还看不见目标呢?

实验五 测回法观测水平角

一、目的和要求

1. 进一步熟悉光学经纬仪的使用。
2. 掌握测回法测量水平角的操作方法、记录格式与计算过程。
3. 要求每人按照测回法的相关要求对同一角度进行两个测回的观测。
4. 要求采用光学对中法对中，对中误差要小于 1mm，上下半测回角值互差不得超过 $\pm 40''$，同一角度各测回角值差不得大于 $\pm 40''$。

二、仪器和工具

光学经纬仪 1 台，木桩 1 个，锤子 1 把，测钎 2 个，记录板 1 块，测伞 1 把。

三、方法和步骤

1. 每组在地面上打一木桩，在桩顶钉一小铁钉或划十字作为测站点 O，在该点上对中、整平经纬仪。
2. 任选两个目标点 A、B，并树立测钎作为照准标志。
3. 将经纬仪置于盘左状态，瞄准左侧的目标 A，利用水平度盘变换手轮配置水平度盘，使其读数略大于零，读取水平度盘读数 $a_左$，填入手簿。
4. 顺时针方向转动照准部，瞄准目标 B，读取水平度盘读数 $b_左$，填入手簿，由此计算得到上半测回的角值：$\beta_左 = b_左 - a_左$。
5. 纵转望远镜将经纬仪变换至盘右状态，先瞄准目标 B，读取水平度盘读数 $b_右$，填入手簿。
6. 逆时针方向转动照准部，瞄准目标 A，读取水平度盘读数 $a_右$，填入手簿，由此计算得到下半测回的角值：$\beta_右 = b_右 - a_右$。
7. 若上、下两个半测回角值之差不大于 $\pm 40''$，则取其平均值作为一测回的结果，即

$$\beta = \frac{1}{2}(\beta_左 + \beta_右)$$

8. 同样方法进行第二测回的观测，注意在盘左瞄准目标 A 之后，应将水平度盘读数置于 $90°$ 附近。
9. 若各测回之间角值之差不大于 $\pm 40''$，则取平均值作为最终观测结果。

四、注意事项

1. 瞄准目标时，应尽量瞄准目标的底部，以减少由于目标倾斜引起水平角观测的误差。
2. 如需要观测多个测回，则各测回起始方向的置数应按 $180°/n$ 递增。但应注意，无论

观测多少个测回，第一测回的置数均应当为 0°。

3. 每个测回只可以在盘左观测第一个目标时配置一次度盘。

五、 思考题

1. 测回法观测水平角需要分别利用盘左、盘右进行观测，此项措施能够消除观测过程中的哪些误差？

2. 为什么测回法各个测回开始时需要配置度盘？

实验六　方向观测法观测水平角

一、 目的和要求

1. 掌握方向观测法测量水平角的操作方法、记录格式与计算过程。

2. 要求每人按照方向观测法的相关要求对至少四个方向进行两个测回的观测。

3. 要求采用光学对中法对中，对中误差要小于 1mm，半测回归零差不大于 ±18″，同一方向各测回方向值互差不大于 ±24″。

二、 仪器和工具

光学经纬仪 1 台，木桩 1 个，锤子 1 把，觇标 4 套，记录板 1 块，测伞 1 把。

三、 方法和步骤

1. 每组在地面上打一木桩，在桩顶钉一小铁钉或划十字作为测站点 O，在该点上对中、整平经纬仪。

2. 任选四个目标点 A、B、C、D，并架设觇标作为照准标志。

3. 选定 A 点作为零方向，将经纬仪置于盘左状态，瞄准 A 点上的觇标，将水平度盘读数配置在比零度稍大的读数处，将读数填入记录手簿中；顺时针方向转动照准部，依次瞄准 B、C、D 点上的觇标，并将读数填入记录手簿中；继续顺时针方向转动照准部，再次瞄准零方向 A，并读数，将读数填入记录手簿中；对比盘左两次瞄准 A 点的读数，计算半测回归零差，要求其不大于 ±18″，若超限应重测。

4. 将经纬仪变换至盘右状态，首先瞄准 A 点，读数并记录；逆时针方向转动照准部，依次瞄准 D、C、B、A 点，读数并记录，计算半测回归零差，判断是否超限。

5. 根据第一测回的观测值计算各方向归零后方向值。

6. 同样方法进行第二测回的观测，注意在盘左瞄准目标 A 之后，应将水平度盘读数置于比 90° 稍大的读数处。

7. 根据两个测回的观测结果计算同一方向各测回方向值互差，要求不大于 ±24″，若超限应重测；若不超限，则计算各测回的平均方向值。

1. 一测回内照准部水准管气泡偏移不得超过一格，否则应重新整平仪器，重测该测回。

2. 一测回内不得重新整平仪器，但测回间可以重新整平仪器。

3. 如需要观测多个测回，则各测回起始方向的置数应按 $180°/n$ 递增。但应注意，无论观测多少个测回，第一测回的置数均应当为 $0°$ 多。

五、 思考题

1. 方向观测法适用于何种情况？

2. 方向观测法与测回法在测量原理与步骤上有何异同之处？

实验七　竖直角观测及竖盘指标差的检验

一、 目的和要求

1. 掌握竖直角的观测原理和竖直度盘的构造及竖直角与竖盘指标差的计算公式。

2. 掌握利用光学经纬仪测量竖直角的操作方法、记录格式与计算过程。

3. 要求每人进行三个目标的竖直角观测，并计算相应的竖盘指标差。

4. 要求同一组所测得的竖盘指标差的互差不得超过 $25''$。

二、 仪器和工具

光学经纬仪 1 台，木桩 1 个，锤子 1 把，觇标 1 套，记录板 1 块，测伞 1 把。

三、 方法和步骤

1. 每组在地面上打一木桩，在桩顶钉一小铁钉或划十字作为测站点 O，在该点上对中、整平经纬仪。

2. 任选一个目标点 A，架设觇标作为照准标志。

3. 将竖直度盘自动归零补偿器处于"ON"状态。

4. 将经纬仪置于盘左状态，用十字丝横丝瞄准 A 点上的觇标中心，读取竖盘读数 L，记入观测手簿并计算出竖直角 $\alpha_左$。

5. 将经纬仪置于盘右状态，同样方法瞄准 A 点，读取竖盘读数 R，记入观测手簿并计算出竖直角 $\alpha_右$。

6. 计算竖盘指标差 x，$x = \dfrac{1}{2}(\alpha_左 - \alpha_右) = \dfrac{1}{2}(R + L - 360°)$。

7. 计算竖直角平均值 α_{OA}，$\alpha_{OA} = \dfrac{1}{2}(\alpha_左 + \alpha_右) = \dfrac{1}{2}(R - L - 180°)$。

8. 同样方法另选两个目标点，进行观测，计算相应的竖直角和竖盘指标差，要求同组所测得的竖盘指标差的互差不得超过 25″。

四、 注意事项

1. 竖直度盘读数前应注意打开竖直度盘自动归零补偿器。
2. 瞄准目标时应注意用十字丝横丝的中丝进行瞄准，否则会影响竖直角的角值。
3. 计算竖直角和竖盘指标差时应注意正、负号。

五、 思考题

1. 竖直角观测与水平角观测有何异同之处？
2. 在实际观测中如何消除竖盘指标差的影响？

实验八 光学经纬仪的检验与校正

一、 目的和要求

1. 了解光学经纬仪各主要轴线之间应满足的几何条件。
2. 熟悉经纬仪的构造及光学原理。
3. 掌握经纬仪检验的基本原理和校正的操作方法。

二、 仪器和工具

光学经纬仪 1 台，记录板 1 块，校正针 1 枚，小螺丝旋具 1 套。

三、 方法和步骤

以下以 DJ₆ 级光学经纬仪为例介绍其检验与校正的项目与步骤。

1. 一般性检验

主要检验三脚架是否牢固、架腿是否灵活、经纬仪各个螺旋是否有效、望远镜成像是否清晰等。

2. 水准管轴垂直于仪器竖轴的检验与校正

（1）检验方法 粗略整平经纬仪，转动照准部使水准管平行于一对脚螺旋的连线，调整这对脚螺旋使水准管气泡精确居中。然后将照准部旋转 180°，如果水准管气泡仍居中，则说明该条件满足；如果气泡中点偏离水准管零点超过一格，则需要校正。

（2）校正方法 首先转动脚螺旋，使气泡返回偏移值的一半，然后用校正针拨动水准管校正螺钉，使水准管气泡居中。检验与校正需要反复进行，直至水准管旋转至任何位置时水准管气泡偏移值都在一格以内。

3. 十字丝竖丝垂直于横轴的检验与校正

（1）检验方法 用十字丝的交点瞄准一清晰的点状目标 P，转动望远镜微动螺旋，使竖丝上、下移动，如果 P 点始终不离开竖丝，则说明该条件满足；否则需要校正。如图 8-1 所示。

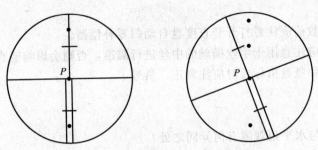

图 8-1 十字丝竖丝垂直于横轴的检验

（2）校正方法 旋下十字丝分划板护盖，松开四个压环螺丝（如图 8-2 所示），转动十字丝环，使望远镜上、下微动时 P 点始终在十字丝竖丝上移动为止。重复该项检验与校正，直至达到要求为止。最后旋紧压环螺丝，并旋上分划板护盖。

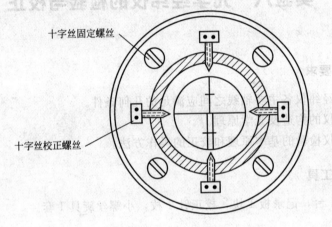

十字丝固定螺丝

十字丝校正螺丝

图 8-2 十字丝竖丝的校正

4. 视准轴垂直于横轴的检验与校正

（1）检验方法 在平坦的地面上选择相距约 60～100m 的 A、B 两点，在 AB 连线的中点 O 处安置经纬仪，如图 8-3 所示。在 A 点架设觇标，在 B 点横向放置一根具有毫米分划的直尺，并使尺面垂直于视线 OB，使直尺、A 点的觇标与经纬仪大致等高。

盘左瞄准 A 点觇标，制动照准部，然后纵转望远镜，在 B 点的直尺上得到读数 B_1；盘右再次瞄准 A 点觇标，制动照准部，然后纵转望远镜，在 B 点的直尺上得到读数 B_2。若 $B_1 = B_2$，则说明该条件满足。否则，应按下式计算出视准轴误差 c：

$$c'' = \frac{B_1 B_2}{4 S_{OB}} \rho''$$

如果 $c > 60$（″），则需要校正。

（2）校正方法 在直尺上定出一点 B_3，使 $B_2 B_3 = B_1 B_2 / 4$，此时 O 点与 B_3 点的连线便与横轴垂直。打开望远镜目镜端的护盖，用校正针先松开十字丝上、下的十字丝校正螺丝，再拨动左右两个十字丝校正螺丝，一松、一紧，左右移动十字丝分划板，直至十字丝交点对

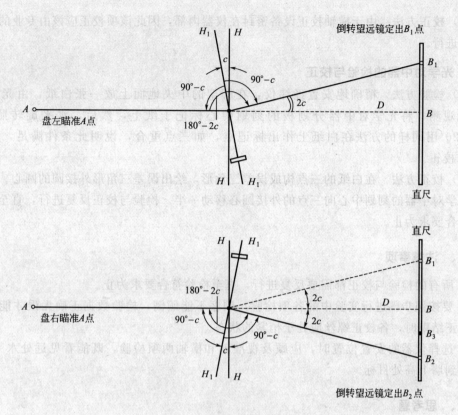

图 8-3　视准轴误差的检验

准 B_3。重复该项检验与校正，直至达到要求为止。最后，旋上护盖。

5. 横轴垂直与仪器竖轴的检验与校正

（1）检验方法　在离墙面约 30m 处安置经纬仪，盘左瞄准墙上高处一目标 M 点（要求竖直角不小于 30°），然后将望远镜放平，用十字丝交点在墙面上定出 m_1 点。再纵转望远镜，盘右状态用同样方法在墙面上定出 m_2 点，如图 8-4 所示。如果 m_1、m_2 两点相距小于 5mm，则说明该条件满足，否则，应进行校正。

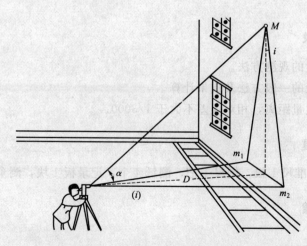

图 8-4　横轴垂直于竖轴的检验

（2）校正方法　由于横轴校正设备密封在仪器内部，因此该项校正应该由专业的仪器维修人员进行。

6. 光学对中器的检验与校正

（1）检验方法　精确地安置经纬仪，在脚架的中央地面上放一张白纸，由光学对中器目镜观测，将光学对中器分划板的刻划中心标记于纸上，然后，水平旋转照准部，每隔120°用同样的方法在白纸上作出标记点，如三点重合，说明此条件满足，否则需要进行校正。

（2）校正方法　在白纸的三点构成误差三角形，绘出误差三角形外接圆的圆心。用校正针使光学对中器的刻划中心向三点的外接圆心移动一半。检验与校正反复进行，直至光学对中器符合要求为止。

四、 注意事项

1. 所有的检验与校正都需要反复进行，直至检验符合要求为止。

2. 要按照步骤进行实验中的各项检验，顺序不能颠倒，检验数据正确无误才能进行校正，校正结束时，各校正螺丝应处于稍紧的状态。

3. 选择仪器的安置位置时，应顾及视准轴和横轴两项检验，既能看见远处水平目标，又能看到墙上高处目标。

五、 思考题

1. 经纬仪有哪些轴线？各轴线间应满足什么几何条件？

2. 为什么各检验项目的顺序不能颠倒？

实验九　距离测量

一、 目的与要求

1. 练习视距测量的观测方法。

2. 掌握钢尺量距的一般方法及成果计算。

3. 要求往、返丈量距离，相对误差不大于1/3000。

二、 仪器和工具

经纬仪1台，水准尺1根，钢尺1把，测钎4个，记录板1块，测伞1把。

三、 方法和步骤

1. 视距测量

（1）在地面上选相距80m左右的 A、B 两点，在 A 点安置经纬仪，用钢尺量取仪器高 i

（地面点至经纬仪横轴的高度，量至 cm），并假定测站点的高程 $H_A=50.00m$，B 点上立水准尺。

（2）将经纬仪置于盘左位置，瞄准水准尺，转动望远镜微动螺旋使十字丝的上丝对准尺上某一整分米数，读取下丝读数 a、上丝读数 b、中丝读数 v。

（3）然后将竖盘水准管气泡居中（或打开竖盘指标自动归零开关螺旋），读取竖盘读数，算出竖直角 α。

（4）视距计算

视距测量计算测站点至待定点的水平距离 D、高差 h 和待定点高程 H_B 的公式如下：

$$D=100(a-b)\cos^2\alpha$$

$$h=D\tan\alpha+i-v$$

$$H_B=H_A+h$$

2. 钢尺量距

（1）经纬仪（仍在 A 点上），B 点立一测钎，经纬仪定线，后尺手执钢尺零端，插一根测钎于起点 A，前尺手持尺盒（或尺把）并携带其余测钎沿 AB 方向前进，行至一尺段处停下。

（2）后尺手将尺零点对准点 A，前尺手沿直线拉紧钢尺，听从定线员指挥，在 AB 方向尺末端，竖直地插下测钎，这样便量完一尺段。后尺手拔起 A 点测钎与前尺手共同举尺前进。同法继续丈量其余各尺段。

（3）最后，不足一整尺段时，前尺手将某一整数分划对准 B 点，后尺手在尺的零端读出厘米及毫米数，两数相减求得余长。往测全长：

$$S=nl+q$$

式中，n 为整尺段数；l 为钢尺长度；q 为余长。

（4）同法由 B 点安置经纬仪定线向 A 点进行返测。

（5）计算往、返丈量结果的平均值及相对误差，若超过 1/3000 须重测。

四、 注意事项

1. 视距测量观测前应对竖盘指标差进行检验校正，使指标差在 $\pm1'$ 以内。

2. 观测时水准尺应竖直并保持稳定。

3. 使用钢尺时，不得让车碾、人踏，也不准在地面上拖拉，尺身应平直不得有扭结，用后应及时擦去污垢并涂油防锈。

4. 钢尺拉出和卷入时不应过快，否则易出现拉不出或卷不进等故障。

5. 不得握住尺盒拉紧钢尺，以防钢尺末端从盒内拉出。

五、 思考题

1. 经纬仪在读数时，是否一定要上丝对准尺上某一整分米数，对准有何优点？

2. 目估定线与经纬仪定线有何不同？

实验十　电子水准仪的认识与使用

一、目的和要求

1. 了解电子水准仪结构、键盘和显示面板内容及测量原理。

2. 掌握电子水准仪测量方法，熟练操作步骤。

3. 了解数据下载方法及数据记录格式。

二、仪器和工具

电子水准仪1台，铟瓦水准尺1根，尺垫2个，测伞1把。

三、方法和步骤

1. 安置仪器

（1）将脚架张开，使其高度适当，架头大致水平，并将脚架尖踩入土中。

（2）使用连接螺旋将仪器连在脚架上。

（3）粗略整平：先转动一对脚螺旋，后转动另一脚螺旋使圆气泡居中。注意气泡移动的方向与左手拇指或右手食指运动的方向一致。

2. 仪器操作（以 Trimble DINI12 为例）

利用电子水准仪测量一条水准线路，具体操作如下。

（1）按电子水准仪键盘区域左下角［ON/OFF］键开机，对应屏幕中的显示按"Line"键，选择"new line"，在"Input line number"中输入线路号，可以使用大、小写英文字母及数字表示，如图10-1、图10-2所示。

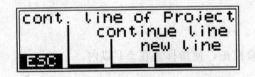
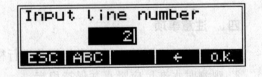

图 10-1　创建一条新的水准路线　　　　　　图 10-2　输入线路号

（2）选择测量模式。DINI12电子水准仪提供四种测量模式：BF、BFFB、BBFF 和 BFBF，B表示"后"，F表示"前"。本书以"BF"即"后前"模式为例说明，如图10-3所示。选择模式后，按［OK］键，在"Inp benchmark height"中输入后视点高程。根据需要，还可以输入代码。

（3）甲立水准尺于某地面点上，乙操作仪器，利用提把上的准星和照门粗瞄水准尺。转动目镜进行对光，看清十字丝，再转动物镜对光螺旋看清像。同时旋转微动螺旋，使十字丝位于水准尺条码范围内。

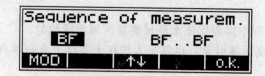

图 10-3　选择测量模式

图 10-4　线路闭合后的信息

（4）按测量键，即［MEAS］或仪器右侧物镜对光螺旋附近的［○］按钮，开始测量。

（5）每一站的后视点测量完毕时，仪器屏幕显示：后视读数"Rb"，距离"HD"，所处的转点数"Tp"及当前点号"Cp"。前视点测量后，屏幕显示前视读数"Rf"和仪器自动计算的高差"h"及前视点高程"Z"，并自动作为下一站后视点高程。

（6）一条水准路线测完之后，仪器提示是否把最后一站闭合到已知点，按［YES］键即可得到该水准线路的有关信息，包括：

Sh——起始点和终点的高差；

dz——如果测量的是闭合环，那这个值就是最后一点的高程（输入的）和由仪器测量所得的高程之差；

Db——后视点距离的总和；

Df——前视点的距离的总和，如图 10-4 所示。

3. 数据下载及数据格式

DINI12 电子水准仪具有自动记录功能，测量数据可用通过仪器自身的 PCMCIA 卡直接读取，或利用超级终端，通过 RS232 串口下载。数据文件以 ∗.dat 形式保存，可以在任何文本编辑器中编辑。有两种不同的数据格式：REC＿E（M5）和 REC 500。图 10-5 为 REC＿E 文件格式。

```
For M5|Adr   1|TO   ta11.dat                 |                |              |
For M5|Adr   2|TO   Start-Line    BFFB   1|  |                |              |
For M5|Adr   3|KD1      JD               1|  |                |Z   42.48825 m
For M5|Adr   4|KD1      JD    15:35:502  1|Rb    1.30487 m |HD    31.510 m|
For M5|Adr   5|KD1      WQ3   15:36:282  1|Rf    1.31951 m |HD    20.586 m|
For M5|Adr   6|TO   Reading E327         1|  |                |              |
For M5|Adr   7|KD1      WQ3   15:36:332  1|Rf    1.31963 m |HD    20.596 m|
For M5|Adr   8|KD1      JD    15:36:512  1|Rb    1.30511 m |HD    31.538 m|
For M5|Adr   9|KD1      WQ3   15:36:51   1|  |                |Z   42.47367 m

                        ... ...                     ... ...

For M5|Adr  53|KD1      WQ6   15:44:492  1|Rb    1.51547 m |HD    24.060 m|
For M5|Adr  54|KD1      JD    15:45:112  1|Rf    1.42168 m |HD    50.900 m|
For M5|Adr  55|KD1      JD    15:45:182  1|Rf    1.42173 m |HD    50.900 m|
For M5|Adr  56|KD1      WQ6   15:45:312  1|Rb    1.51567 m |HD    24.048 m|
For M5|Adr  57|KD1      JD    15:45:31   1|  |                |Z   42.48793 m
For M5|Adr  58|KD1      JD               1|Sh   -0.00032 m |dz   0.00032 m|Z   42.48825 m
For M5|Adr  59|KD2      JD        4      1|Db    88.97 m   |Df   102.35 m |Z   42.48793 m
For M5|Adr  60|TO   End-Line            1|  |                |              |
```

图 10-5　REC＿E 文件格式水准记录

1. 电子水准仪对光线的要求较高,测量过程中需要保证水准尺测量区域光线均匀。

2. 水准测量时,尺子上必须有 30cm 的刻度区域可见,也就是大约在十字丝上方必须有 15cm 的条码可见。

3. 测量过程中要确保仪器及相关工具安全。

五、 思考题

1. 电子水准仪的结构包括哪些?

2. 怎样设置水准路线测量的测量模式?

3. 怎样创建一个新的水准路线?

4. 电子记录中,前、后视距和水准路线的闭合差怎样表示?

实验十一 三、 四等水准测量

一、 目的与要求

1. 掌握用双面水准尺进行三、四等水准测量的观测、记录、计算方法。

2. 熟悉三、四等水准测量的主要技术指标,掌握测站及水准路线的检核方法。

二、 仪器和工具

水准仪 1 台,双面水准尺 1 对,尺垫 2 个,记录板 1 块,测伞 1 把。

三、 方法和步骤

本实验以 DS₃ 水准仪为例,进行详细的实验过程叙述。

1. 选定一条闭合或附合水准路线,其长度以安置 4~6 个测站为宜。沿线设置待定点的地面标志。

2. 在起点与第一个立尺点之间设站,按以下顺序进行观测:

后视水准尺黑面——读取下、上丝读数;精平,读取中丝读数;

前视水准尺黑面——读取下、上丝读数;精平,读取中丝读数;

前视水准尺红面——精平,读取中丝读数;

后视水准尺红面——精平,读取中丝读数。

这种观测顺序简称"后-前-前-后";四等水准测量测站观测次序也可采用"后-后-前-前"的观测顺序。

3. 当一个测站观测记录完毕,随即进行下列计算:

(1) 前、后视距(即上、下丝读数差乘以 100,单位为米)。

(2) 前后视距差。

(3) 前后视距累积差。

(4) 基、辅分划读数差(即同一水准尺的黑面读数 + 常数 K − 红面读数)。

（5）基、辅分划所测高差之差。

（6）高差中数。检查各项限差要求。

4. 依次设站同法施测其他各测站。

5. 全路线施测完毕后计算：

（1）路线总长（即各测站前、后视距之和）。

（2）各测站前、后视距差之和（应与最后一测站累积视距差相等）。

（3）各测站后视读数和，各测站前视读数和，各测站高差中数之和(应为上两项之差的1/2)。

（4）路线闭合差（应符合限差要求）。

（5）各站高差改正数及各待定点的高程。

四、 注意事项

1. 每测站观测结束，应当即进行计算检核，若有超限则重测该测站。全路线施测、计算完毕，各项检核均符合，路线闭合差也在限差之内，即可收测。

2. 有关技术指标的限差规定如表 11-1。

表 11-1　技术指标限差规定

等级	仪器类型	视线长度/m	前后视距差/m	前后视距累积差/m	基、辅分划读数差/mm	基、辅分划所测高差之差/mm	路线闭合差/mm
三等	DS_3	≤75	≤2.0	≤5.0	2.0	3.0	$±12\sqrt{L}$
三等	DS_1、DS_{05}	≤100	≤2.0	≤5.0	2.0	3.0	$±12\sqrt{L}$
四等	DS_3	≤100	≤3.0	≤10	3.0	5.0	$±20\sqrt{L}$
四等	DS_1、DS_{05}	≤150	≤3.0	≤10	3.0	5.0	$±20\sqrt{L}$

表中 L 为路线总长度，以公里为单位。

五、 思考题

1. 三、四等水准测量为什么要采用"后-前-前-后"的观测次序？

2. 三、四等水准测量所使用的水准尺与普通水准测量所使用的水准尺有何不同？

3. 在等级水准测量过程中，水准仪从后视转为前视，望远镜能否重新进行调焦？

实验十二　全站仪的认识与使用

一、 目的和要求

1. 熟悉全站仪的构造。

2. 熟悉全站仪的操作界面及作用。

3. 掌握全站仪的基本使用。

二、 仪器与工具

全站仪1台，棱镜及杆1套，测伞1把。

三、 方法与步骤

1. 全站仪的认识

全站仪由照准部、基座、水平度盘等部分组成，采用编码度盘或光栅度盘，读数方式为电子显示。有功能操作键及电源，还配有数据通信接口。

2. 全站仪的使用（以 Topcon 全站仪为例）

（1）测量前的准备工作

① 仪器的安置。在实验场地上选择一点，作为测站，另外两点作为观测点，将全站仪安置于测站点，对中、整平，在两点分别安置棱镜。

② 调焦与照准目标。操作步骤与一般经纬仪相同，注意消除视差。

（2）角度测量

① 首先从显示屏上确定是否处于角度测量模式，如果不是，则按操作键转换为角度测量模式。

② 盘左瞄准左目标 A，按置零键，使水平度盘读数显示为 0°00′00″，如图 12-1 所示。旋转照准部，瞄准右目标 B，读取显示读数。HR 表示水平角，如图 12-2 所示。

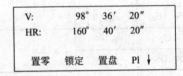

图 12-1　水平角置零　　　　　　　　　　　图 12-2　照准目标 B 读数

③ 同样方法可以进行盘右观测。

④ 如果测竖直角，可在读取水平度盘的同时读取竖盘的显示读数。"V"表示竖直度盘读数，如图 12-1、图 12-2 所示。

（3）距离测量

① 首先从显示屏上确定是否处于测角模式，按 ［◢］ 键进入距离测量模式。

② 照准棱镜中心，这时显示屏上能显示箭头前进的动画，如图 12-3 所示；前进结束则完成距离测量，得出距离，HD 为水平距离，VD 为垂直距离，如图 12-4 所示；再按 ［◢］ 键，显示角度及斜距 SD 如图 12-5 所示。

HR:	120°	30′	40″
HD* [r]		≪	m
VD:			
测量	模式	S/A	Pl ↓

图 12-3　距离测量

HR:	120°	30′	40″
HD*	123.456		m
VD:	5.678		m
测量	模式	S/A	Pl ↓

图 12-4　显示平距和垂距

V:	90°10′	20″
HR:	120°30′	40″
SD:		131.678m
测量	模式	S/A　Pl ↓

图 12-5　显示角度和斜距

（4）坐标测量

① 首先从显示屏上确定是否处于坐标测量模式，如果不是，则按操作键转换为坐标模式。

② 输入测站点及后视点坐标，以及仪器高、棱镜高。

③ 瞄准棱镜中心，这时显示屏上能显示箭头前进的动画，前进结束则完成坐标测量，

得出点的坐标，详见实验十三。

四、 注意事项

1. 电池的安装要严格按照说明书操作，以免损坏电池，且注意测量前电池需充足电。

2. 近距离将仪器和脚架一起搬动时，应保持仪器竖直向上。

3. 全站仪是精密贵重的测量仪器，要防日晒、防雨淋、防碰撞震动。严禁仪器直接照准太阳。

五、 思考题

1. 全站仪的结构包括哪些？

2. 全站仪角度测量中，需要哪些设置？

3. 距离测量中三个距离分别怎样表示？

4. 坐标测量中需要输入哪些已知数据？

实验十三　数字化测图

一、 目的和要求

1. 掌握全站仪进行大比例尺数字测图外业观测方法。

2. 掌握内业成图的方法。

3. 熟悉数字化成图软件（以 CASS 为例）。

二、 仪器和工具

全站仪 1 套，棱镜及杆 1 套，计算机 1 台（含成图软件 CASS），绘图仪 1 台，记录板 1块，测伞 1 把。

三、 方法与步骤（以草图法为例）

外业使用全站仪测量碎部点三维坐标的同时，绘图员绘制碎部点构成的地物形状和类型草图，并记录下碎部点点号（必须与全站仪自动记录的点号一致）。内业将全站仪记录的碎部点三维坐标，通过 CASS 传输到计算机，转换成 CASS 坐标格式文件并展点，根据野外绘制的草图在 CASS 中绘制地物。

1. 全站仪野外数据采集（以 Topcon 为例）

（1）安置仪器：在控制点上安置全站仪，检查中心连接螺旋是否旋紧，对中、整平、量取仪器高、开机。

（2）创建文件：在全站仪 MENU 中，选择"数据采集"进入"选择文件"，输入一个文件名后确定，即完成文件创建工作，如图 13-1 所示。

（3）输入测站点及后视点信息：输入创建的文件名称，回车后即进入数据采集的输入数据窗口，如图 13-2 所示，按提示输入测站点点号及标识符（可以省略）、坐标。点击［F4］，进入下一页，输入仪高、镜高。再点击［F2］，输入后视点点号及标识符（可以省略）、坐标（N/E/Z）/角度（A/Z），仪器瞄准后视点，进行定向。若坐标值在之前已经输入，则可直接调用测站点和后视点的坐标。

```
选择文件

FN: _____

输入   调用   ---   回车
```

图 13-1 选择数据采集

```
数据采集              1/2
F1: 测站点输入
F2: 后视
F3: 前视/侧视          P↓
```

图 13-2 输入测站点、后视点信息

（4）测量碎部点坐标：仪器定向后，选择"前视/侧视"项，进入碎部点采集状态。输入所测碎部点点号、编码（可省略）、镜高后，精确瞄准竖立在碎部点上的棱镜，按"坐标"键，仪器即测量出棱镜点的坐标，将测量结果保存到前面输入的坐标文件中，同时碎部点点号自动加 1 返回测量状态。瞄准第 2 个碎部点上的棱镜，按［同前］键，仪器又测量出第 2 个棱镜点的坐标。按此方法，测量并保存其后所测碎部点的三维坐标。

2. 数据传输

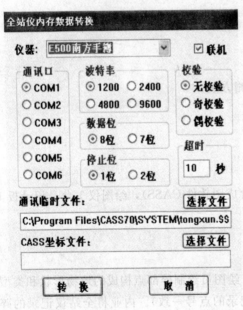

图 13-3 "全站仪内存数据转换"对话框

完成外业数据采集后，使用通讯电缆将全站仪与计算机的 COM 口连接好，启动通讯软件，设置好与全站仪一致的通讯参数后，执行下拉菜单"通讯/下传数据"命令；在全站仪上的内存管理菜单中，选择"数据传输"选项，并根据提示顺序选择"发送数据"、"坐标数据"和选择文件，然后在全站仪上选择确认发送，再在通讯软件上的提示对话框上单击"确定"，即可将采集到的碎部点坐标数据发送到通讯软件的文本区，再将数据格式转换成 CASS 软件识别的格式，即"点号，X，Y，Z"形式。利用数字化成图软件 CASS 也可完成测量数据的传输工作。点击"数据/读取全站仪坐标"，系统弹出"全站仪内存数据转换"对话框，如图 13-3 所示。选择相应的参数，并命名坐标文件，完成数据传输，数据格式自动完成转换。

3. 内业展点、成图

在 CASS 软件中，点击下拉菜单"绘图处理/展野外测点点位"，即在绘图区得到展绘好的碎部点点位，如图 13-4 所示。结合野外绘制的草图绘制地物；再执行下拉菜单"绘图处理/展高程点"。经过对所测地形图进行屏幕显示，在人机交互方式下进行绘图处理、图形编辑、修改、整饰，最后形成标准的、满足地图输出的数字地图的图形文件。通过绘图仪完成地形图打印输出。

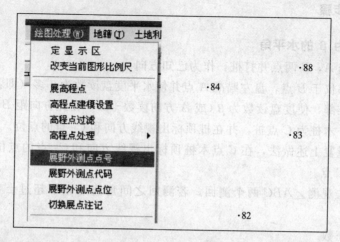

图 13-4　展野外测点

四、　注意事项

1. 实验前要检查电池的电量。

2. 数据传输时，应选择与全站仪型号相匹配的电缆，小心稳妥地连接。

3. 外业数据采集时，记录及草图绘制应清晰、信息齐全。不仅要记录观测值及测站有关数据，同时还要记录编码、点号、连接点和连接线等信息，以方便绘图。

4. 数据处理前，要熟悉所采用软件的工作环境及基本操作要求。

五、　思考题

1. 输入测站点时，怎样调用已有坐标点？

2. 在输入后视点时，已知坐标和已知方位角有哪些区别？

3. 从全站仪里下载测量数据时，仪器操作与电脑操作需要怎样配合？

4. 展野外测点点号后，为什么还要再展测点高程？

实验十四　水平角与水平距离测设

一、　目的和要求

1. 用精确法（垂线改正法）测设已知水平角，要求角度误差不超过±40″。

2. 测设已知水平距离，要求相对误差不大于1/5000。

二、　仪器和工具

经纬仪1台，钢尺1把，木桩5个，测钎6个，斧子1把，记录板1块，测伞1把。

三、 方法和步骤

1. 测设角值为 β 的水平角

（1）在地面选 A，B 两点并打桩，作为已知方向。

（2）安置经纬仪于 B 点，盘左瞄准 A 点并使水平度盘读数为 0°多（即：略大于 0°），顺时针方向转动照准部，使度盘读数为 $β$（或 A 方向读数 $+β$），在此方向距 B 点为 D_{BC}（略小于 1 尺段）处打一木桩为 C 点桩，并在桩顶标出视线方向和 C_1 点的点位。

（3）盘右，重复上述做法，在 C 点木桩顶标出视线方向和 C_2 点的点位，若 C_1、C_2 不重合取其中点为 C 点。

（4）用测回法观测 $\angle ABC$ 两个测回，若测回之间角值互差不超过 $±40''$，取其平均值为 $β_1$。

（5）计算改正数

$$CC' = D_{BC} \cdot \frac{(β - β_1)''}{ρ''} = D_{BC} \cdot \frac{\Delta β''}{ρ''} \text{m}$$

（6）过 C 点作 BC 的垂线，沿垂线向外（$β > β_1$）或向内（$β < β_1$）量取 CC' 定出 C' 点，则 $\angle ABC'$ 即为要测设的 $β$ 角。

（7）检核：用测回法再重新测量 $\angle ABC$，其角值与已知角 $β$ 之差应在限差之内。否则，再进行改正，直到满足精度要求为止。

2. 测设长度为 D 的水平距离

利用测设水平角的桩点，沿 BC 方向测设一段水平距离 $D = 45\text{m}$ 的线段 BE。

（1）安置经纬仪于 B 点，瞄准 C' 点，用钢尺自 B 点沿视线方向丈量概略长度 D，并打桩为 E 点，然后在 E 点桩顶标出直线的方向和 E 点的概略位置 E'。

（2）用检定过的钢尺按精密量距的方法往、返测定 BE' 的距离，并测出丈量时的钢尺温度，估读至 $0.5℃$。

（3）用水准仪往返测量各桩顶间的高差，当两次测得高差之差不超过 $±5\text{mm}$ 时，取其平均值作为成果。

（4）将往、返测得 BE' 的距离分别加尺长、温度和倾斜改正后，取其平均值为 D'，与要测设的长度 D 相比较求出改正值：$\triangle D = D' - D$。

（5）若 $D' > D$，即 $\triangle D$ 为正值，则应由 E' 向 B 方向改正 $\triangle D$ 值，得到点 E，BE 即为所测设的长度 D；若 $D' < D$，$\triangle D$ 为负值，则应以相反的方向改正。

（6）再检测 BE 的距离，与设计的距离之差的相对误差不得超过 1/5000。

四、 注意事项

1. CC' 有正负，正需要增大 $\angle ABC$，负需要减小 $\angle ABC$。

2. 距离测设读数要读至毫米。

3. 每尺段必须进行三项改正计算，保证计算的正确性。

五、 思考题

1. 水平角与水平距离测设分别具备的前提条件是什么？

2. 水平距离测设为什么要进行三项改正？

实验十五　已知高程与坡度线测设

一、目的和要求

1. 测设已知高程点的方法，要求高程误差不大于±10mm。
2. 练习测设某设计坡度线。

二、仪器和工具

水准仪1台，水准尺1根，木桩6个，斧1把，测伞1，记录板1块，皮尺1把。

三、方法和步骤

1. 测设已知高程

（1）已知水准点 A，其高程为 H_A（数据由教师提供），在欲测设 B 点高程（$H_设$）处打一木桩。

（2）安置水准仪于 A，B 之间，后视 A 点上的水准尺，读后视读数，水准仪视线高程：

$$H_i = H_A + a$$

（3）计算前视读数 $b = H_i - H_设$。

（4）立尺于 B 点，紧贴木桩侧面，观测者指挥持尺者将标尺上、下移动，当横丝对准尺上读数 b 时，在木桩侧面用红铅笔画出尺底线，此线即为所测设的已知高程点的位置。

（5）利用中间法检测尺底线的高程，且与设计值 $H_设$ 比较，误差不超过±10mm。

2. 测设某设计坡度线

欲从 A 至 B 测设距离 D 为35m，坡度 i 为1‰的坡度线，规定每隔10m打一木桩。

（1）从 A 点开始，沿 AB 方向量距、打桩并依次编号。

（2）设起点 A 位于坡度线上，其高程为 H_A，根据已定坡度和 AB 两点间的水平距离 D 计算出 B 点高程：$H_B = H_A + 0.01D$，并用测设高程点的方法将 B 点测设出来。

（3）安置水准仪于 A 点，使一个脚螺旋位于 AB 方向上，另两个脚螺旋的连线与 AB 垂直，量取仪器高 i。

（4）用望远镜瞄准 B 点上的水准尺，转动位于 AB 方向上的脚螺旋，使视线对准尺上读数 i 处。

（5）不改变视线，依次立尺于各桩顶，轻慢打桩，待尺上读数恰为 i 时，桩顶即位于设计的坡度线上。

（6）若受地形所限，不许将桩顶打在坡度线上时，可读取水准尺上的读数，然后计算出各中间点的填、挖数：填、挖数＝仪器高 i －读数，"－"为填，"＋"为挖。

四、 注意事项

1. 坡度测设首先要保证坡度终止点设计高程测设的准确性。

2. 打桩要轻轻慢打，歪了及时纠正，保证桩子的正确性。

五、 思考题

1. 为什么安置水准仪时，要使一个脚螺旋位于 AB 方向上，另两个脚螺旋的连线与 AB 垂直？

2. 为什么要各桩顶尺的读数都为 i？

实验十六　全站仪点位测设

一、 目的和要求

1. 掌握全站仪测设的原理和方法。

2. 熟练操作全站仪测设点位（三维坐标）的步骤。

二、 仪器与工具

全站仪 1 台，棱镜及杆 1 套，木桩及小钉若干，测伞 1 把。

三、 方法和步骤

1. 仪器安置

在控制点上安置全站仪，检查中心连接螺旋是否旋紧，对中、整平、量取仪器高，开机。

2. 点位放样（以 Topcon 为例）

（1）在 MENU 中选择"放样"模式，如图 16-1 所示，并输入测站点点号、仪高、镜高、坐标等，后视点点号、坐标等。若坐标值在之前已经输入，则可直接调用测站点和后视点的坐标。

放样	1/2
F1: 测站点输入	
F2: 后视	
F3: 放样	P↓

图 16-1　放样模式

点号: LP-100	
HR=	6° 20′ 40″
dHR=	23° 40′ 20″
距离 ---	坐标 ---

图 16-2　放样中的角度数据

HD*	156.835m
dHD:	−3.327m
dZ:	−0.046m
模式　　角度　　坐标　　继续	

图 16-3　放样中的距离数据

（2）按"F3"选择"放样"，并输入放样点坐标，仪器自动进行放样元素的计算。使仪器照准棱镜，按"角度"键，屏幕中显示角度放样信息，"HR"表示实际测量的水平角，"dHR"表示对准放样点仪器应转动的水平角度；按"距离"键，屏幕中显示距离放样信息，"HD"表示实测的水平距离，"dHD"表示对准放样点尚差的水平距离，"dZ"表示对准放样点尚差的垂直距离，如图16-2、图16-3所示。仪器操作员指挥立镜人员调整棱镜位置并测量，直到屏幕显示的"dHR"、"dHD"、"dZ"满足放样精度要求，即接近或等于0，棱镜杆底端即为放样位置。

（3）操作过程中也可先使"dHR"满足精度要求，即确定方向，同时开启水平制动螺旋，保持方向一定；再不断调整距离，使"dHD"满足要求，完成距离的确定，从而确定放样点位的平面位置，钉桩并在桩顶精确确定位置，以小钉标记，再测量小钉位置，予以检核；最后将棱镜杆沿木桩上下移动，测量并确定"dZ"，以颜色笔在木桩侧面、与棱镜杆下端平齐位置画一标记，即为放样点位的高程。

四、 注意事项

1. 实验前确定仪器电池电量。
2. 仪器操作人员与立镜人员步调一致，以便快速确定放样点位。
3. 平面位置确定时要精确确定木桩顶端小钉的位置。

五、 思考题

1. 怎样判断点位平面位置放样准确与否？
2. 高程放样中对立镜人员有哪些要求？

第三部分 测量实习指导

根据教学大纲的要求，测绘工程、土木工程、给水排水工程、工程管理、土地资源管理、工程造价、建筑学、城市规划、园林、生态学等专业的工程测量课程都有两周或一周的测量综合性教学实习。测量实习是工程测量课程教学的最后环节，是在理论学习和测量实验完成后的基础上进行的重要教学内容，是对理论知识的掌握情况和测量实验完成情况的全面检验。

一、 实习目的

1. 通过实习领会"先整体、后局部，先控制、后碎部"，"步步有检核"测量工作的原则。

2. 通过实习使学生全面掌握测量仪器的操作技能和测量作业的方法，为今后解决实际工程问题打下坚实的基础。

3. 通过地形图测绘和建筑物测设，加深测定和测设地面点位的概念，提高应用地形图的能力。

4. 实习以小组为单位，组长负责制，不仅可以培养学生具有独立工作的实践能力，还能培养学生的团队合作精神，只有团结协作，互帮互助才能保质保量地完成实习任务。

二、 实习任务

主要任务是围绕如何测绘地形图而进行的控制测量、地形测量、地形图的整饰与描绘以及地形图的应用、建筑物测设的基本工作等内容。具体任务如下。

1. 测绘图幅为 $50\text{cm} \times 50\text{cm}$，比例尺为 $1:500$ 或 $1:1000$ 的地形图一幅（包括平面控制和高程控制）。

2. 地形图的应用：在本组所测的地形图上布设一幢民用建筑物，并根据建筑物的平面位置设计一条建筑基线，要求计算出测设建筑基线及建筑物外廓轴线交点的数据，然后将其测设于实地，并作必要的检核。

3. 熟练掌握水准仪、经纬仪的构造及使用方法。了解全站仪，电子水准仪，J_2 级经纬仪，DS_1 级水准仪及自动安平水准仪的构造及使用方法。

4. 应交成果资料

实习结束时应交下列资料，否则，不准参加考查，无评定成绩。

(1) 小组应交资料

① 经纬仪和水准仪的检验和校正报告。

② 距离丈量、水平角观测记录及内业坐标计算资料，水准观测记录与计算资料。

③ 地形图一幅；测设草图一幅。

（2）个人应交作业

① 图根水准或四等水准的计算和成果表。

② 控制点坐标计算表及控制测量略图。

③ 建筑基线及建筑物测设数据计算表。

④ 实习报告一份。

三、 实习组织

实习期间的组织工作应由主讲教师全面负责，每班除主讲教师外，还应配备一位辅导教师共同担任实习期间的辅导工作。

实习工作按小组进行，每组 4～5 人，选组长一人，负责组内的实习分工和仪器管理。组员在组长的统一安排下，分工协作，搞好实习。分配任务时，应使每项工作都由组员轮流担任，不要单纯追求进度。

四、 实习报告的编写

实习结束，每人上交实习报告一份，要求在实习期间编写。报告编写应认真、规范，应写出实习收获，参考格式如下：

1. 封　　面——写实习名称、地点、起止时间、班级、组别、姓名。

2. 前　　言——写明实习目的、任务、要求。

3. 内　　容——实习的项目、程序、方法、精度、计算成果及示意图，按照顺序逐项编写。

4. 实习总结——写实习体会、意见和建议。

五、 实习要求及注意事项

1. 纪律要求

（1）必须严格遵守学校所规定的校纪校规和实习时期间的有关规章制度。

（2）实习期间不得无故缺席、早退、迟到和请假。

2. 实习前要做好准备，及时阅读实习指导书及教材的有关章节。

3. 仪器使用与爱护

除参照测量实习须知外，还应注意以下几点：

（1）每次出发前及收工时应清点仪器和工具。

（2）按时领用、及时交还仪器及工具，遵守借领制度。

（3）仪器是国家的财产，测量员的眼睛，整个实习期间要求同学像爱护自己的物品一样珍惜与爱护仪器。在实习期间，各作业组须建立专人保管制。实习中若发生故障，不得自行处理，须立即报告指导教师处理，要求在操作中，严格按正确规程作业，若有违反操作规程及损坏仪器者，应由损坏者照价赔偿。

4. 各项测量工作完成后，要及时计算，整理成果并写出实习报告。原始数据、资料字迹要端正，不得涂改，成果应妥善保管，不得丢失。

5. 实习中要坚决杜绝的事故

（1）出工收工仪具不清点或随意更换他人仪器和工具，造成仪器不配套和工具缺失。

（2）箱扣背带不牢固，不轻拿轻放，损坏仪器。

（3）在野外仪器乱放或丢在草丛中找不到，或把花杆、标尺等作他用，或坐在箱子上，造成损坏，测伞乱放、乱张、乱合被刺洞或被风乱刮损坏。

（4）点选在道路中间，阻碍正常车辆通行。

（5）作业时，脚架被人碰撞，或无人守护造成损坏与丢失。

（6）仪器操作生疏、粗心，制动未松强扭造成轴系弯曲断裂，或把螺旋转到极端而损坏仪器。

（7）不分工，不协作，甚至争吵，影响实习。

（8）不注意群众关系，不讲文明礼貌，损坏公物与花木甚至偷摘果实。

（9）不预习，不准备，依赖他人，实习时无从下手，浪费时间，没有达到效果。

（10）记录与作图不按要求进行，造成返工。

六、 实习内容

1. 大比例尺地形图的测绘

（1）控制测量外业工作

① 踏勘选点、建立标志：要求学生了解测区的地形，根据实地，拟定在测区内布设控制点，各组新选的点应统筹兼顾组成一定的几何图形，形成平面控制网。

控制点应选在土质坚实、便于保存标志和安置仪器、视野开阔、便于测绘地形点之处，相邻点须通视，便于测角量距，边长 60～100m 左右。

控制点确定后，立即打桩，桩顶钉一小钉或划一十字作为标志，并按指导教师的规定进行统一编写桩号。各组应分工合作完成选点埋桩工作。

② 水平角观测：全站仪测角，经纬仪水平角观测可用测回法或全圆方向法，测回法观测导线一测回，要求上、下半测回角值之差不得大于 $40''$，闭合导线角度闭合差不得大于 $\pm 40'' \sqrt{n}$，水平角全圆方向法技术要求如下表

仪器	半测回归零差	一测回内 2C 互差	同一方向值各测回互差
DJ$_6$ 型	≤±18″		≤±24″

③ 方位角测量：测定起始边的方位角，使用罗盘仪测定，精确到 1/4 度并假定一点的坐标作为起算数据，若有已知高级点可以不测起始边的方位角，但要测连接角。

④ 边长测量：全站仪测距或用钢尺往返丈量导线各边边长，其相对误差不得大于 1/3000。

⑤ 高程测量：本实习采用水准仪测定高程的测量方法进行，测定控制点的高程。为了使导线点的高程纳入统一高程系统，首先与测区附近的已知高程点进行高程连测，确定导线高程已知点，要求用四等水准测量的方法往、返测定，其高差闭合差不得超过 $\pm 6 \sqrt{n}$mm。导线其余各点的高程则用图根水准测量的方法测定，组成一闭合水准路线。高差闭合差不得大于 $\pm 12 \sqrt{n}$mm（n 为测站数）。

（2）控制测量内业工作

将检核过的外业观测数据及起算数据分别填入导线坐标计算表格中，进行导线坐标计算，求出各导线点坐标。

检核水准测量手簿，首先计算出连测高程点的高程，再将等外水准测量的结果一起填入

水准测量成果计算表中，算出各点改正后的高程。

（3）绘制坐标格网和展绘控制点

① 选择较好的测图纸 50cm×50cm。

② 用对角线法绘制 10cm×10cm 的坐标格网，格网边长 10cm，并进行检查。

③ 展绘控制点。

④ 检查：用小钢板尺量出各控制点之间的距离，与实地水平距离相比较，其误差不得大于图上±0.3mm，否则，应检查展点是否有误。

（4）地形测图

测图比例尺为 1∶500 或 1∶1000，等高距采用 1m（或 0.5m），也可采取高程注记的方法。采用经纬仪测图法或数字化测图法（详见实验十三）。

（5）地形图的检查

自检是保证测图质量的重要环节，因此，当一幅地形图测完后，每个实习小组必须对地形图进行严格自检，最后交指导教师进行检查。检查可分为室内检查、巡视检查和仪器检查三个部分。一般采用设站检查，在测站上选择距离较长的导线边来进行定向，用另一导线边的方向作检查，经检查无误后，再检测图板上已测绘的碎部点的位置和高程。一个测站检测完毕，测图员应对照实地地形检查有无遗漏和错误，发现后应及时补测和改正。搬站后，还要对前一站所测定的碎部点选择几点进行重复观测，或者选择明显的重要地物点进行方向照准检查。

（6）地形图整饰

整饰则是对图上所测绘的地物、地貌、控制点、坐标格网、图廓及其内外的注记，按地形图图式所规定的形状、大小和规格进行描绘，提供一张完美的铅笔原图，有条件的可以着墨，要求图面整洁，铅线清晰，质量合格。

整饰顺序：先绘内图廓及坐标格网交叉点（格网顶点绘长 1cm 的交叉线，图廓线上则绘 5mm 的短线）；再绘控制点、地形点符号及高程注记，独立地物和居民地，各种道路、线路、水系、植被、等高线及各种地貌符号，最后绘外图廓并填写图廓外注记。

2. 地形图的应用

（1）设计建筑物

测图结束后，每组在自绘地形图上进行设计。

① 在图上布设民用建筑物一幢，并注出四周外墙轴线交点的设计坐标及室内地坪高。

② 为了测设建筑物的平面位置，需要在图上平行于建筑物的主要轴线布设一条三点一字形的建筑基线，用图解法求出其中一点的坐标，另外两点的坐标根据设计距离和坐标方位角推算。

③ 在自绘的地形图或另外选定的地形图上绘纵断图一张，要求水平距离的比例尺与地形图比例尺相同，高程比例尺可放大 5～10 倍。

（2）图上求面积

实习要求学生掌握图上求解面积的方法，每组须完成一幅外业测绘范围内面积的量算工作。具体方法可以采用透明方格网法、梯形法或求积仪法等。

3. 测设

（1）测设建筑基线

① 根据建筑物基线 A，O，B 三点的设计坐标和控制点坐标算出所需要的测设数据，并绘测设略图。

② 安置仪器于控制点上，根据选定的测设方法将 A，O，B 三点标定于地面上。

③ 检查：在 O 点安置仪器，观测 $\angle AOB$，与 $180°$ 之差不得超过 $\pm 24''$，再丈量 AO 和 BO 距离，与设计值之差的相对误差不得大于 $1/10000$，否则，应进行改正。

（2）测设民用建筑物

① 根据已测设的建筑物基线以及基线与欲测设的建筑物之间的相互关系，即可采用直角坐标法将建筑物外墙轴线的交点测设到地面上。

② 检查：建筑物的边长相对误差不得大于 $1/5000$，角度误差不得大于 $\pm 1'$，否则，应改正。

4. 测绘仪器简介与见习

为了扩大知识面，与工程实际接轨，根据学校现有仪器的情况向学生介绍 GPS 接收仪、电子全站仪、J_2 级经纬仪、激光经纬仪、DS_1 级水准仪、自动安平水准仪、DINI12 电子水准仪、激光铅垂仪、激光平面仪以及激光地形仪等测绘仪器的构造与使用，并组织学生参观学习。

七、 实习成绩考核

实习成绩是对学生在实习中各方面表现的综合评价，故需要学生了解考核内容、考核方法等有关问题，以便学生配合，规范自己的行为，进行自我检查。

1. 考核的内容：实习态度是否端正，是否有迟到早退缺勤现象，实习中表现的优劣，是否具有分析问题和解决问题的能力，所测成果的质量，资料是否齐全，实习报告书写是否认真等情况。

2. 考核方式有：在实习中教师观察和了解的情况及各组自评情况，评阅实习报告及成果资料，考勤以及进行必要的口试问答、操作演示等。

3. 成绩评定：分为优、良、中、及格不及格。

（1）若未交成果资料和实习报告，以及严重伪造成果者，成绩作不及格处理。

（2）实习中违反纪律、损坏仪器工具及其他公物，视情节除按违反纪律处理，从实习成绩方面也要给予降低成绩的考虑，直至不及格。

（3）参照学校"实习成绩考核"办法中的有关规定，结合本专业实践教学的特点，特规定外业缺勤天数达外业作业天数 $1/3$ 及以上者成绩为不及格；外业缺勤天数与其他环节缺勤数累计达实习总天数的 $1/3$ 及以上者成绩仍为不及格。

测量实验报告

姓名：_____

组别：_____ 专业、班级：_____

日期：_____

实验一 水准仪的认识与使用

实验日期: _____年_____月_____日   第_____教学周

一、 主要实验设备

序号	名　　称	规格、型号	设备编号	数量	设备状态	备注

二、 主要实验步骤

1. 水准仪的结构组成及各螺旋名称

2. 水准仪的使用方法

三、 实验记录与计算

水准测量观测手簿

天气_____ 班级_____ 小组_____ 观测_____ 记录_____

测站	点 号	后视读数(m)	前视读数(m)	高差(m)	备注

四、 实验结果分析与实验总结

成绩评定

实验成绩：_____

教师评语：

教师签字：_____ 批改日期：_____ 年_____ 月_____ 日

实验二　水准测量

实验日期：_____年_____月_____日　　　　第_____教学周

一、主要实验设备

序号	名　称	规格、型号	设备编号	数量	设备状态	备注

二、主要实验步骤

三、实验记录与计算

水准测量记录手簿

天气_____　　班级_____　　小组_____　　观测_____　　记录_____

测　站	点　号	后视读数（m）	前视读数（m）	高差（m）	平均高差（m）	高程（m）	备注
Σ							

水准测量成果计算表

点号	距离	测站数	高差观测值(m)	改正数(mm)	改正后高差值(m)	高程(m)	备注
辅助计算							

四、 实验结果分析与实验总结

成绩评定

实验成绩：＿＿＿＿＿＿＿＿＿＿＿＿＿＿

教师评语：

教师签字：＿＿＿＿＿＿＿批改日期：＿＿＿＿年＿＿＿＿月＿＿＿＿日

实验三　水准仪的检验与校正

实验日期： _____年_____月_____日　　第_____教学周

一、主要实验设备

序号	名　　称	规格、型号	设备编号	数量	设备状态	备注

二、主要实验步骤

三、实验记录与计算

1. 一般性检验记录

检验项目	检验结果
三角架是否牢固	
脚螺旋是否有效	
制动与微动螺旋是否有效	
微倾螺旋是否有效	
对光螺旋是否有效	
望远镜成像是否清晰	

2. 圆水准器轴平行仪器竖轴的检验校正记录

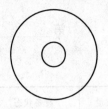

整平并转 180°后气泡位置

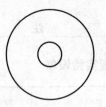

校正后气泡位置

3. 十字丝横丝垂直仪器竖轴的检验校正记录
请在下图中给出十字丝横丝与目标的位置关系

校正前位置

校正后位置

4. 水准管轴平行视准轴的检验校正记录

检验示意图	仪器位置	项目	第一次	第二次
	中点 测高差	A 点尺上读数	$a_1 =$	$a_2 =$
		B 点尺上读数	$b_1 =$	$b_2 =$
		$h_{AB'} = a - b$		
	A 点附近检验	平均高差 h_{AB}		
		A 点尺上读数	$a' =$	
		B 点尺上读数	$b' =$	
		$b_0' = a' + h_{AB}$		
		$\triangle b = b' - b_0'$		
		$i = \dfrac{\lfloor b' - b_0' \rfloor}{D_{AB}} \rho$		

40

四、 实验结果分析与实验总结

成绩评定

实验成绩：＿＿＿＿＿＿＿＿＿＿＿＿＿＿＿＿＿＿＿＿＿

教师评语：

　　　　　　　教师签字：＿＿＿＿＿＿＿批改日期：＿＿＿＿＿年＿＿＿＿月＿＿＿＿日

实验四　光学经纬仪的认识与使用

实验日期：_____年_____月_____日　　　　第_____教学周

一、主要实验设备

序号	名　　称	规格、型号	设备编号	数量	设备状态	备注

二、主要实验步骤

三、实验记录与计算

天气_____　　班级_____　　小组_____　　观测_____　　记录_____

目　　标	盘左读数 ° ′ ″	盘右读数 ° ′ ″	备　　注

四、 实验结果分析与实验总结

成绩评定

实验成绩：_____

教师评语：

教师签字：_____批改日期：_____年_____月_____日

实验五 测回法观测水平角

实验日期：_____年_____月_____日　　　　第_____教学周

一、主要实验设备

序号	名　称	规格、型号	设备编号	数量	设备状态	备注

二、主要实验步骤

三、实验记录与计算

测回法观测手簿

天气_____班级_____小组_____观测_____记录_____

测站	竖盘位置	目标	水平度盘读数 ° ′ ″	半测回角值 ° ′ ″	一测回角值 ° ′ ″	各测回平均角值 ° ′ ″
	左					
	右					
	左					
	右					
	左					
	右					
	左					
	右					

四、 实验结果分析与实验总结

成绩评定

实验成绩：_____

教师评语：

教师签字：_____批改日期：_____年_____月_____日

实验六　方向观测法观测水平角

实验日期：＿＿＿＿＿年＿＿＿＿＿月＿＿＿＿＿日　　　　第＿＿＿＿＿教学周

一、主要实验设备

序号	名　　称	规格、型号	设备编号	数量	设备状态	备注

二、主要实验步骤

三、实验记录与计算

方向观测法观测手簿

天气＿＿＿＿＿＿　班级＿＿＿＿＿＿　小组＿＿＿＿＿＿　观测＿＿＿＿＿＿　记录＿＿＿＿＿＿

测站	测回数	目标	读数 盘左 ° ′ ″	读数 盘右 ° ′ ″	$2c=$左-(右$\pm180°$) ″	平均读数＝〔左＋(右$\pm180°$)〕/2 ° ′ ″	归零后方向值 ° ′ ″	各测回归零方向的平均值 ° ′ ″

四、 实验结果分析与实验总结

成绩评定

实验成绩：_____

教师评语：
教师签字：_____ 批改日期：_____年_____月_____日

实验七　竖直角观测及竖盘指标差的检验

实验日期：_____年_____月_____日　　　　　第_____教学周

一、主要实验设备

序号	名　称	规格、型号	设备编号	数量	设备状态	备注

二、主要实验步骤

三、实验记录与计算

竖直角观测手簿

天气_____**班级**_____**小组**_____**观测**_____**记录**_____

测站	目标	竖盘位置	竖盘读数 ° ′ ″	半测回竖直角 ° ′ ″	指标差 ″	一测回竖直角 ° ′ ″	备注
		左					
		右					
		左					
		右					
		左					
		右					
		左					
		右					
		左					
		右					

四、 实验结果分析与实验总结

成绩评定
实验成绩：_____

教师评语：

　　　　教师签字：_____批改日期：_____年_____月_____日

实验八　经纬仪的检验与校正

实验日期：_____年_____月_____日　　　　第_____教学周

一、主要实验设备

序号	名　称	规格、型号	设备编号	数量	设备状态	备注

二、主要实验步骤

三、实验记录与计算

天气_____班级_____小组_____观测_____记录_____

1．一般性检验

检 验 内 容	检 验 结 果
三脚架是否牢固，架腿伸缩是否灵活	
水平制动与微动螺旋是否有效	
望远镜制动与微动螺旋是否有效	
照准部转动是否灵活	
望远镜转动是否灵活	
望远镜成像是否清晰	
脚螺旋是否有效	

2．水准管轴垂直于仪器竖轴的检验与校正

检验（仪器旋转180°）次数	气泡偏离格数	检 验 者

3．十字丝竖丝垂直于横轴的检验与校正

检验次数	偏离情况	检 验 者

4. 视准轴垂直于横轴的检验与校正

检验次数	尺上读数		$\dfrac{B_2-B_1}{4}$	正确读数 $B_3 = B_2 - \dfrac{1}{4}(B_2 - B_1)$	检验者
	盘左 B_1	盘右 B_2			

5. 横轴垂直与仪器竖轴的检验与校正

检验次数	m_1 和 m_2 间的距离(mm)	检验者

6. 光学对中器的检验与校正

检验次数	三点是否重合	检验者

四、 实验结果分析与实验总结

成绩评定

实验成绩：＿＿＿＿＿＿＿＿＿＿＿＿＿＿＿＿＿＿

教师评语：

教师签字：＿＿＿＿＿＿＿＿ 批改日期：＿＿＿＿＿＿ 年 ＿＿＿＿ 月 ＿＿＿＿ 日

实验九　距离测量

实验日期： _____ 年 _____ 月 _____ 日　　　　第 _____ 教学周

一、主要实验设备

序号	名　称	规格、型号	设备编号	数量	设备状态	备注

二、主要实验步骤

三、实验记录与计算

天气 _____ **班级** _____ **小组** _____ **观测** _____ **记录** _____

1. 视距测量

测站点	目标点	仪器高 i	下丝读数	下丝读数	中丝读数	竖盘读数 ° ′ ″

竖 直 角 。 , ″	读 数 差 l	水 平 距 离	高 差	高 程

注：高程 $H_A = 50.00\text{m}$

2. 钢尺量距

	尺 段	前端读数	后端读数	尺段长	线路总长
往 测					
	尺 段	前端读数	后端读数	尺段长	线路总长
返 测					
平均值			相对误差		

四、 实验结果分析与实验总结

成绩评定

实验成绩：_____

教师评语：

教师签字：_____批改日期：_____年_____月_____日

实验十　电子水准仪的认识与使用

实验日期： _____年_____月_____日　　　　第_____教学周

一、 主要实验设备

序号	名　　称	规格、型号	设备编号	数量	设备状态	备注

二、 主要实验步骤

三、 实验记录与计算

天气_____**班级**_____**小组**_____**观测**_____**记录**_____

1. 水准测量电子记录

（粘贴水准测量电子记录）

2. 水准测量成果计算表

测站	点号	距离 (m)	实测高差(m)	改正数 (m)	改正后 的高差(m)	高程 (m)	备注

四、 实验结果分析与实验总结

成绩评定

实验成绩：_____

教师评语：

教师签字：_____批改日期：_____年_____月_____日

实验十一 三、四等水准测量

实验日期：＿＿＿＿＿年＿＿＿＿＿月＿＿＿＿日   第＿＿＿＿＿教学周

一、 主要实验设备

序号	名　　称	规格、型号	设备编号	数量	设备状态	备注

二、 主要实验步骤

1. 测站观测步骤

2. 主要限差要求

三、实验记录与计算

三、四等水准测量观测手簿

天气_____ 班级_____ 小组_____ 观测_____ 记录_____

测站编号	后尺	下丝	前尺	下丝	方向及尺号	水准尺读数		K+黑-红	平均高差 h	备注
		上丝		上丝		黑面	红面			
	后视距		前视距							
	视距差 d		∑d							
	①		④		后	③	⑧	⑭		
	②		⑤		前	⑥	⑦	⑬	⑱	
	⑨		⑩		后-前	⑮	⑯	⑰		
	⑪		⑫							
					后					
					前					
					后-前					
					后					
					前					
					后-前					
					后					
					前					
					后-前					
					后					
					前					
					后-前					
					后					
					前					
					后-前					
					后					
					前					
					后-前					
					后					
					前					
					后-前					
校核	∑后视		∑后							
	∑前视		∑前					∑h		
	∑后+∑前		后-前							

58

水准测量成果计算

点号	距离	测站数	高差观测值(m)	改正数(mm)	改正后高差值(m)	高程(m)	备注
辅助计算							

四、 实验结果分析与实验总结

成绩评定

实验成绩：_____

教师评语：

教师签字：_____批改日期：_____年_____月_____日

实验十二　全站仪的认识与使用

实验日期：_____年_____月_____日　　　第_____教学周

一、主要实验设备

序号	名　　称	规格、型号	设备编号	数量	设备状态	备注

二、主要实验步骤

三、实验记录与计算

天气_____ 班级_____ 小组_____ 观测_____ 记录_____

1. 水平角度测量、距离测量记录

测站	盘位	目标	水平度盘读数 ° ′ ″	半测回角值 ° ′ ″	一测回平均值 ° ′ ″	水平距离 （m）

2. 竖直角测量记录

测站	目标	盘位	竖直度盘读数 ° ′ ″	半测回竖直角 ° ′ ″	一测回竖直角 ° ′ ″	竖盘指标差 n

3. 三维坐标

测站 仪高	后视点号	镜高 （m）	后视点 坐标或角度	测点号	X坐标 （m）	Y坐标 （m）	H高程 （m）

四、 实验结果分析与实验总结

实验十三　数字化测图

实验日期：＿＿＿＿＿年＿＿＿＿＿月＿＿＿＿＿日　　　　　　第＿＿＿＿＿教学周

一、主要实验设备

序号	名　称	规格、型号	设备编号	数量	设备状态	备注

二、主要实验步骤

三、实验记录与计算

天气＿＿＿＿＿＿班级＿＿＿＿＿＿小组＿＿＿＿＿＿观测＿＿＿＿＿记录＿＿＿＿＿＿

1. 坐标数据电子记录
（打印、粘贴）

2. 草图
（粘贴）

3. CASS 成图

（打印、粘贴）

四、 实验结果分析与实验总结

成绩评定

实验成绩：＿＿＿＿＿＿＿＿＿＿＿＿＿

教师评语：

教师签字：＿＿＿＿＿＿批改日期：＿＿＿＿年＿＿＿＿月＿＿＿＿日

实验十四 水平角与水平距离测设

实验日期： _____年_____月_____日   第_____教学周

一、 主要实验设备

序号	名　称	规格、型号	设备编号	数量	设备状态	备注

二、 主要实验步骤

三、 实验记录与计算

天气_____班级_____小组_____观测_____记录_____

1. 水平角测设

测站	设计角值 ° ′ ″	竖盘位置	目标	水平度盘读数 ° ′ ″	测设略图
		左			
		右			
		左			
		右			

2. 测回法检核

测站	竖盘位置	目标	水平度盘读数 ° ′ ″	半测回角值 ° ′ ″	一测回角值 ° ′ ″	测回平均角值 ° ′ ″
	左					
	右					

3. 水平距离测设

测　段	尺段长	温　度	高　差	改正后尺段长	与设计长度之差
往测					
返测					

四、 实验结果分析与实验总结

成绩评定

实验成绩：_____

教师评语：

教师签字：_____批改日期：_____年_____月_____日

实验十五　已知高程与坡度线测设

实验日期：＿＿＿＿＿年＿＿＿＿＿月＿＿＿＿＿日　　　　　第＿＿＿＿＿教学周

一、主要实验设备

序号	名　　称	规格、型号	设备编号	数量	设备状态	备注

二、主要实验步骤

三、实验记录与计算

天气＿＿＿＿＿＿　班级＿＿＿＿＿＿　小组＿＿＿＿＿＿　观测＿＿＿＿＿＿　记录＿＿＿＿＿＿

1. 测设高程

水准点高程(m)	后视读数(m)	视线高程(m)	测设高程(m)	前视应读数(m)

2. 高程检核

点号	后视读数(m)	前视读数(m)	高差(m)	高程(m)

3. 坡度测设

桩号	仪器高(m)	尺上读数(m)	填、挖高度(m)	备注

四、 实验结果分析与实验总结

成绩评定

实验成绩：_____

教师评语：

教师签字：_____批改日期：_____年_____月_____日

实验十六 全站仪点位测设

实验日期：_____年_____月_____日   第_____教学周

一、 主要实验设备

序号	名　　称	规格、型号	设备编号	数量	设备状态	备注

二、 主要实验步骤 （叙述点位测设的过程）

三、 实验记录与计算

天气_____班级_____小组_____观测_____记录_____

	测站点	后视点	放样点	水平角	放样距离	高差
X						
Y						
Z						

四、 实验结果分析与实验总结

成绩评定

实验成绩：_____

教师评语：

教师签字：_____ 批改日期：_____年_____月_____日

测量实习报告

姓名：_____

组别：_____ 专业、班级：_____

日期：_____

工程测量实习报告

一、 测区概况

二、 实习目的、 任务及要求

三、 实习内容

水准仪检验校正

日期_____ 　　　　天气_____ 　　　　地点_____

仪器_____ 　　　　观测_____ 　　　　记录_____

1. 一般检查

三脚架是否牢稳	
制动及微动螺旋是否有效	
其　他	

2. 圆水准器轴平行于竖轴

转180°检验次数	气 泡 偏 差 数 （mm）

3. 十字丝横丝垂直于竖轴

检 验 次 数	误 差 是 否 显 著

4. 视准轴平行于水准管轴

仪器在中点求正确高差			仪器在 A 点旁检验校正		
第一次	A 点尺上读数 a_1		第一次	A 点尺上读数 a	
	B 点尺上读数 b_1			B 点尺上正确读数 $b (b=a-h)$	
	$h_1 = a_1 - b_1$			B 点尺上实际读数 b'	
第二次	A 点尺上读数 a_2			视准轴偏上（或下）之数值	
	B 点尺上读数 b_2		第二次	A 点尺上读数 a	
	$H_2 = a_2 - b_2$			B 点尺上正确读数 b	
平均	平均高差 $h=1/2(h_1+h_2)$ $=1/2(\quad)$ $h=$			B 点尺上实际读数 b'	
				视准轴偏上（或下）之数值	
			第三次	A 点尺上读数 a	
				B 点尺上正确读数 b	
				B 点尺上实际读数 b'	
				视准轴偏上（或下）之数值	

经纬仪检验与校正

日期＿＿＿＿＿＿＿　　天气＿＿＿＿＿＿＿　　地点＿＿＿＿＿＿＿
仪器＿＿＿＿＿＿＿　　观测＿＿＿＿＿＿＿　　记录＿＿＿＿＿＿＿

1. 一般检查	三脚架是否牢稳		脚螺旋是否有效	
	仪器转动是否灵活		望远镜成像是否清晰	
	制动及微动螺旋是否有效		其他	

2. 水准管轴垂直于竖轴	检验次数(照准部旋转180°)	1	2	3	4	5
	气 泡 偏 差 格 数					

3. 十字丝竖丝垂直于横轴	检验次数	误差是否显著

4. 视准轴垂直于横轴	第一次检验	目标	横尺读数		第二次检验	目标	横尺读数	
			盘左:B_1				盘左:B_1	
			盘右:B_2				盘右:B_2	
			$1/4(B_2-B_1)$				$1/4(B_2-B_1)$	
			$B_2-1/4(B_2-B_1)$				$B_2-1/4(B_2-B_1)$	

5. 横轴垂直于竖轴(仪器距目标水平距离20～30m)	检验次数	P_1,P_2 两点距离

竖直角观测及竖盘指标差的检验

日期_____　　　　天气_____　　　　地点_____
仪器_____　　　　观测_____　　　　记录_____

一、 写出竖直角计算公式

1. 在盘左位置视线水平时，竖盘读数是_____度，上仰望远镜读数是增加还是减少，所以 $\alpha_L =$

2. 在盘右位置视线水平时，竖盘读数是_____度，上仰望远镜读数是增加还是减少，所以 $\alpha_R =$

二、 将竖直角观测成果计入手簿

竖直角观测手簿

测站	目标	竖盘位置	竖盘读数 ° ′ ″	竖直角 ° ′ ″	平均竖直角 ° ′ ″	竖盘指标差 ° ′ ″
		左				
		右				
		左				
		右				
		左				
		右				

水准测量手簿

日期_____ 天气_____ 地点_____

仪器_____ 观测_____ 记录_____

点号	后视读数 （m）	前视读数 （m）	高差		高程	备注
			+	−		

水准测量手簿

日期_____ 天气_____ 地点_____

仪器_____ 观测_____ 记录_____

点号	后视读数 (m)	前视读数 (m)	高差		高程	备注
			+	—		
点号	后视读数	前视读数	高差		高程	备注

水准测量成果计算

点号	距离 (m)	测站数	观测高差 (m)	改正数	改正后高差 (m)	高程 (m)	备注
Σ							
辅 助 计 算							

钢尺量距记录

边长　由＿＿＿＿＿至＿＿＿＿＿　　　　　　丈量者＿＿＿＿＿记录者＿＿＿＿＿

钢尺号　　　　　　　　　　　　　　　　丈量日期

尺段号	读数		尺段长（前－后）	尺段号	读数		尺段长（前－后）
	前端	后端			前端	后端	
往 测				返 测			

钢尺量距记录

边长　由_____至_____　　　　　　丈量者_____记录者_____

钢尺号　　　　　　　　　　　丈量日期

尺段号	读数		尺段长（前－后）	尺段号	读数		尺段长（前－后）
	前端	后端			前端	后端	
往 测				返 测			

水平角观测手簿

日 期		天 气		地 点			
仪器及编号		观测者		记录者			

测 站	竖 盘 位 置	目 标	水 平 读 盘 读 数	半测回角值	一测回角值	各 测 回 平均角值	备 注
	左						
	右						
	左						
	右						
	左						
	右						
	左						
	右						
	左						
	右						
	左						
	右						

水平角观测手簿

日 期			天 气			地 点		
仪器及编号			观测者			记录者		

测 站	竖盘位置	目标	水 平 读盘 读 数	半测回角值	一测回角值	各测回平均角值	备 注
	左						
	右						
	左						
	右						
	左						
	右						
	左						
	右						
	左						
	右						
	左						
	右						

水平角观测手簿

日　期				天　气			地　点	
仪器及编号				观测者			记录者	

测　站	竖　盘 位　置	目 标	水　平　读 盘　读　数	半测回角值	一测回角值	各　测　回 平均角值	备　注
	左						
	右						
	左						
	右						
	左						
	右						
	左						
	右						
	左						
	右						
	左						
	右						

导线坐标计算表

计算者：

点号	观测角 ° ′ ″	改正数 ″	改正角 ° ′ ″	坐标方位角 ° ′ ″	边长 D (m)	增量计算值		改正后增量		坐标值	
						ΔX（m）	ΔY（m）	ΔX（m）	ΔY（m）	X（m）	Y（m）
Σ											

辅助计算
及略图

导线坐标计算表

点号	观测角 。′″	改正数 ″	改正角 。′″	坐标方位角 。′″	边长 D (m)	增量计算值		改正后增量		坐标值	
						ΔX(m)	ΔY(m)	ΔX(m)	ΔY(m)	X(m)	Y(m)
Σ											
辅助计算 及略图											

控制点成果表

点 号	标志种类	高程(m)	坐标(m)		至 点	边长(m)	方位角 °′″
			x	y			

建筑物测设略图及测设数据计算

建筑物测设略图及测设数据计算

成绩评定

实习成绩：_____

教师评语：

教师签字：_____批改日期：_____年_____月_____日

表 6-3　闭合导线坐标计算

点号	观测角（内角）	改正数	改正角	坐标方位角	距离 D/m	增量计算值 Δx/m	增量计算值 Δy/m	改正后增量 Δx/m	改正后增量 Δy/m	坐标值 x/m	坐标值 y/m	点号
1	2	3	4	5	6	7	8	9	10	11	12	13
A	140°11′45″	−13″	140°11′32″	302°03′13″	130.37	−1 69.19	−1 −110.50	69.18	−110.51	500.00	1000.00	A
B	118°58′46″	−13″	118°58′33″	262°14′45″	112.75	−1 −15.21	−1 −111.72	−15.22	−111.73	569.18	889.49	B
C	91°01′39″	−12″	91°01′27″	201°13′18″	131.07	−1 −122.18	−2 −47.44	−122.19	−47.46	553.96	777.76	C
D	103°43′11″	−12″	103°42′59″	112°14′45″	183.48	−2 −69.46	−2 169.82	−69.48	169.80	431.77	730.30	D
E	86°05′41″	−12″	86°05′29″	35°57′44″	170.15	−1 137.72	−2 99.92	137.71	99.90	362.29	900.10	E
A				302°03′13″						500.00	1000.00	A
总和	540°01′02″	−62″	540°00′00″		727.82	+0.06	+0.08					B

辅助计算

$\sum \beta_{测} = 540°01'02''$

$\underline{-\sum \beta_{理} = 540°00'00''}$

$f_\beta = +62''$

$f_{\beta容} = \pm 60\sqrt{n} = \pm 60\sqrt{5} = \pm 134''$

$f_x = \sum \Delta x_{测} = +0.06(\text{m}),\ f_y = \sum \Delta y_{测} = +0.08(\text{m})$

导线全长闭合差 $f_D = \sqrt{f_x^2 + f_y^2} = +0.10(\text{m})$

导线全长相对闭合差 $K = \dfrac{f_D}{\sum D} = \dfrac{0.10}{727.82} \approx \dfrac{1}{7000} < K_{容} = \dfrac{1}{2000}$

表 6-4　附合导线坐标计算

点号	观测角（左角）	改正数	改正角	坐标方位角	距离 D/m	增量计算值 Δx/m	增量计算值 Δy/m	改正后增量 Δx/m	改正后增量 Δy/m	坐标值 x/m	坐标值 y/m	点号
	2	3	4	5	6	7	8	9	10	11	12	13
A	—			<u>267°30′28″</u>						<u>627.04</u>	<u>1752.88</u>	A
B	132°38′09″	−7	132°38′02″	220°08′30″	97.82	−1　−74.78	−1　−63.06	−74.79	−63.07	<u>623.73</u>	<u>1676.83</u>	B
C	63°16′20″	−6	63°16′14″	103°24′44″	83.96	−1　−19.47	−1　81.67	−19.48	81.66	548.94	1613.76	C
D	147°20′17″	−7	147°20′10″	70°44′54″	110.18	−1　36.33	−1　104.02	36.32	104.01	529.46	1695.42	D
E	222°02′13″	−7	222°02′06″	112°47′00″	96.27	−1　−37.28	−1　88.76	−37.29	88.75	565.78	1799.43	E
F	94°27′17″	−7	94°27′10″	27°14′10″	79.39	−1　70.59	−1　36.33	70.58	36.32	528.49	1888.18	F
G	98°53′07″	−7	98°53′00″							<u>599.07</u>	<u>1924.5</u>	G
H										<u>642.19</u>	<u>1865.41</u>	H
总和	758°37′23″	−41	758°36′42″	<u>306°07′10″</u>	467.62	−24.61	247.72	−24.66	247.67			

辅助计算

$$\alpha'_{GH} = 306°07'51''$$
$$\underline{-\alpha_{GH} = 306°07'10''}$$
$$f_\beta = +41''$$
$$f_{\beta容} = \pm 60''\sqrt{6} = \pm 147''$$

$$\sum \Delta x_{测} = -24.61 \text{(m)} \qquad x_G - x_B = -24.66 \text{(m)} \qquad f_x = 0.05 \text{(m)}$$
$$\sum \Delta y_{测} = 247.72 \text{(m)} \qquad y_G - y_B = 247.67 \text{(m)} \qquad f_y = 0.05 \text{(m)}$$

导线全长闭合差　$f_D = \sqrt{f_x^2 + f_y^2} = 0.071 \text{(m)}$
导线全长相对闭合差　$K = f_D / \sum D \approx 1/6500$
导线全长容许相对闭合差　$K_容 = 1/2000$